Hubert Reeves & Christophe Aubel

Le joli petit monde d'Hubert Reeves

Illustrations de Cécile Léna

ELYTIS

QU'EST-CE QUE LA BIODIVERSITÉ ?

LA BIODIVERSITÉ c'est déjà le fait d'avoir sur notre planète plusieurs millions d'espèces différentes, qu'elles soient végétales ou animales, des plus petites que sont les bactéries ou le plancton marin, aux plus grandes que sont les baleines, les séquoïas et nous-mêmes.

Et nous avons découvert que ces espèces vivantes dépendent les unes des autres, que chacune a un rôle dans la vie de quelques autres et que l'ensemble forme un vaste tissu en interaction constante.

Nous découvrons aujourd'hui l'importance fondamentale de cette biodiversité alors même qu'elle est menacée.

Depuis peu, l'activité humaine élimine chaque année cent fois plus d'espèces qu'au début du siècle et le phénomène va en s'accélérant. Cette activité débordante est très inquiétante car lorsque l'on fait disparaître une espèce, ce n'est pas seulement regrettable pour cette espèce – la plus accomplie de la nature qui se soit développée depuis des millions d'années, comme le papillon par exemple – mais c'est aussi dommageable pour les autres espèces car toute espèce, quelle qu'elle soit, joue un rôle précis dans la nature même. Cette perte de biodiversité, à savoir la diminution du nombre d'espèces animales et végétales, appauvrit tout le système de la vie sur la Terre.

Nous parlons aujourd'hui de l'érosion de la biodiversité : le fait d'éliminer des quantités d'espèces continuellement, cet appauvrissement de la biodiversité est un danger pour nous-mêmes. N'oublions jamais que nous ne sommes, en effet, nous-mêmes, qu'une espèce parmi toutes les autres.

Les scientifiques nous disent que la biodiversité est la diversité des formes de vie et de leurs relations sur la Terre. Nous distinguons généralement trois niveaux :

La diversité génétique

Chaque individu est unique.

Nous sommes tous des humains, mais nous sommes tous différents ! La même propriété s'applique aux renards : tous renards et tous différents…

La diversité des espèces

Cette diversité-là est connue.

C'est le cortège des espèces animales et végétales mais aussi celui des champignons, des virus, des bactéries…

La diversité des écosystèmes

On nomme écosystème un ensemble constitué d'êtres vivants de différentes espèces, leur milieu de vie et les relations qui s'établissent au sein de cet ensemble, entre ces êtres vivants et leur milieu mais aussi entre les espèces elles-mêmes.

Forêts tropicales, forêts tempérées, garrigues méditerranéennes, savanes africaines, toundras polaires, déserts, milieux marins, zones humides… mais aussi bocage, prairies cultivées ou parcs urbains.

Voilà ce que nous disent les scientifiques. Retenons-en une chose toute simple, la biodiversité c'est la vie. Nous nous habillons, nous mangeons, nous nous soignons "biodiversité". Ce n'est pas qu'une formule : pensons au coton, au lin, à la soie, à la laine pour nos vêtements. Pensons évidemment à nos aliments : pommes, fraises, poireaux, carottes, cochons, vaches, sans oublier le pain. On sait moins que 70 % de nos anti-cancéreux sont issus de végétaux.

On oublie que le pétrole ou le charbon que nous brûlons sont issus de la décomposition de végétaux, donc de la biodiversité. On oublie que les zones humides sont les meilleurs épurateurs d'eau ; que sans les abeilles et les autres insectes pollinisateurs, nous n'aurions ni fruits ni certains légumes…

Et puis, bien sûr, la nature nous fournit un cadre de vie, nous nous y promenons, nous nous y amusons, nous y faisons du sport, elle est source de création, de rêve et de bien-être.

La biodiversité, c'est la vie ! Nous en faisons partie et nous en dépendons.

Et parce que nous sommes *homo sapiens sapiens*

("homme sage"), nous avons une responsabilité particulière dans le maintien de cette biodiversité.

Pensons-y la prochaine fois que notre regard se posera sur un arbre, ou que notre oreille entendra le chant d'un oiseau.

POURQUOI DÉFORESTE-T-ON AUTANT ?

LA DÉFORESTATION a débuté il y a 10.000 ans, au moment où les hommes ont commencé à faire de l'élevage et des pâturages. Avant le Paléolithique, les humains se nourrissaient surtout des fruits de leur cueillette et de leur chasse. Lors du passage au Néolithique, on commence à avoir des animaux domestiques, des vaches, des moutons, et en même temps à cultiver la terre. Ce phénomène a vu le jour sur le territoire de l'actuelle Turquie, avant de se répandre très largement. C'est le début de la déforestation.

Déjà, dans les textes d'Homère, je me souviens d'un passage qui relate le voyage d'Ulysse en Méditerranée. Il y décrit des îles couvertes de forêts. Or, aujourd'hui en Grèce, ces mêmes îles sont dénudées. Le même phénomène s'est produit en

Tunisie, puis ce fut le tour de la Chine, en particulier pendant tout le Moyen Âge… Aujourd'hui, la situation est véritablement catastrophique.

Alors pourquoi coupe-t-on aujourd'hui tous ces arbres ? Parce-que l'on veut coloniser ces territoires en plantant d'une part, et en y implantant des animaux domestiques d'autre part.

En Amérique, il existait autrefois une autre raison : la guerre avec les Indiens. Il y avait cette phrase que l'on citait là-bas : "Derrière chaque arbre peut se cacher un Indien qui va venir vous couper le cou", alors on coupait les arbres pour se défendre, pour être sur un territoire où le regard pouvait porter…

La déforestation est la conséquence directe de l'agriculture et de l'urbanisation. Chaque ville qui s'agrandit aujourd'hui signifie toujours plus de forêts coupées.

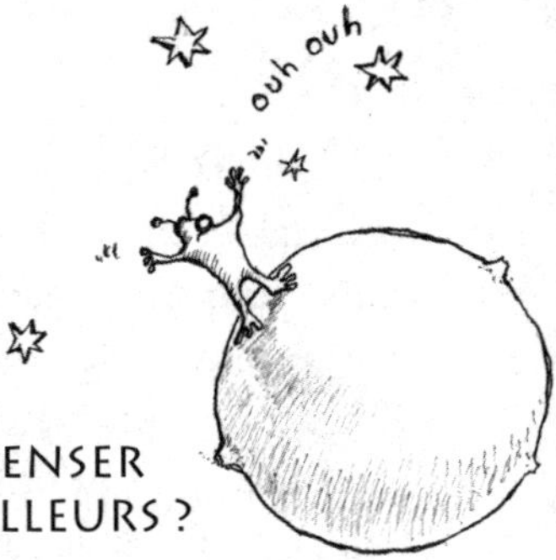

A-T-ON DES RAISONS DE PENSER QUE LA VIE EXISTE AILLEURS ?

CONCERNANT cette question, nous entendons souvent des raisonnements de ce type : "Etant donné l'immensité du cosmos, les quelques 100 milliards d'étoiles dans notre galaxie, et les 100 milliards de galaxies, il n'est pas imaginable qu'il n'y ait pas, quelque part, d'autres planètes habitées et que nous soyons vraiment seuls".

Pourtant, la réponse est que l'on n'en sait rien. Entre ce que nous pensons, nos certitudes, nos préjugés et la réalité, il n'y a pas forcément de rapport. Le but de la science sur cette question est précisément d'essayer d'établir d'une façon objective et en dehors de toute opinion, s'il y a de la vie ailleurs.

Personnellement, et ce n'est là que mon opinion, en dehors de toute considération scientifique, je pense que oui. Je ne serais pas étonné qu'il y ait des millions, voire des milliards de planètes habitées dans l'univers. Mais comme toute opinion, elle peut être complètement fausse.

Tout le problème tourne autour du mot "probabilité". On utilise souvent l'expression "Est-ce qu'il est probable qu'il y ait de la vie ailleurs ?" Beaucoup répondent "Il est très probable", car il y a en effet énormément de planètes dans l'univers. Mais il faut faire attention à ce terme-là. Nous pouvons faire une distinction entre probabilité et plausibilité. Probabilité signifie que l'on sait calculer, plausibilité implique que l'on a des arguments un peu plus vagues qui ne sont pas du ressort scientifique. Par exemple, si j'ai un dé à six faces, je peux calculer la probabilité de tomber sur telle ou telle face. Si j'ai un dé plus compliqué dont j'ignore le nombre de faces, je ne peux plus calculer de probabilité.

Or, nous ne connaissons pas les mécanismes à l'origine de la vie sur Terre, ce qui nous empêche de faire un calcul de probabilité et d'avoir de quasi certitudes.

Tout ce que nous savons est que lorsque la Terre s'est formée, il y a 4,5 milliards d'années, il s'agissait d'une boule de lave incandescente. Quelques centaines de millions d'années plus tard, il y a environ 3,2 milliards d'années, la vie est apparue.

Par ailleurs, lorsque nous parlons de la vie, il y a une distinction importante à faire. On peut parler de la vie au niveau le plus fondamental : la vie biologique, le plancton ou les petits microbes. Notre planète a longtemps été habitée par des cellules vivantes qui n'émettent pas de messages radio, qui n'ont pas de technologies. Mais il y a aussi la vie macroscopique et intelligente, qui se distingue de la vie cellulaire.

Il y a donc deux questions à se poser :

Y a-t-il de la vie cellulaire sur les autres planètes ?

Est-ce que, comme sur notre planète, l'évolution a conduit à l'apparition d'êtres intelligents, doués de technologies et donc ayant la possibilité de recevoir des messages ?

Ces questions ont déjà provoqué de nombreuses expériences qui consistent à écouter le cosmos. Les humains se disent que peut-être avec leurs radiotélescopes, s'il y a des messages provenant d'autres planètes, ils pourront les capter. Bien sûr, personne ne pourra comprendre ce qu'ils signifient mais nous aurons la certitude qu'il s'agit véritablement de messages, et non pas seulement de bruit.

Lorsque j'étais jeune, j'écoutais les ondes courtes et j'avais la possibilité de capter la Chine ou l'Inde. Bien sûr, j'ignorais d'où ça venait mais je savais pertinemment que ce n'était pas de la friture.

Depuis maintenant plus de 50 ans, nous avons fait énormément d'efforts pour essayer de construire des radiotélescopes suffisamment puissants pour recevoir ces messages. Mais jusqu'à présent, nous n'avons rien obtenu de convaincant. Le moral des troupes n'est donc plus au beau fixe ! alors même qu'à l'origine de ces projets, beaucoup de gens s'y intéressaient de très près.

Aujourd'hui l'intérêt s'étiole, mais ça ne veut pas dire pour autant qu'il n'y ait rien de captivant de l'autre côté de la lunette…

L'évolution des sciences nous amène à penser que nous utilisons aujourd'hui la méthode la plus

commode mais cela ne signifie pas que nous n'allons pas trouver des techniques plus avancées, et nous connaissons déjà d'ailleurs des particules différentes qui pourraient être utilisées. La radio utilise les photons de la lumière. Il pourrait y avoir des méthodes de détection qui seraient basées sur d'autres manières d'observer ou de recevoir des messages et que nous ne connaissons pas. Nous sommes obligés une fois de plus de faire attention lorsque nous affirmons que nous n'avons rien reçu.

Le problème de la vie sur d'autres planètes, est une question que les humains se posent certainement depuis longtemps.

A présent, nous connaissons assez bien le système solaire. Nous sommes allés sur Mars et sur la Lune. Nous avons visité de près des planètes comme Saturne, Jupiter ou Vénus et il est évident que la vie n'existe pas sur ces planètes car les conditions y sont beaucoup trop extrêmes. Même si la vie est très adaptable, il n'y a pas de vie ici, du moins telle que nous la connaissons. Mais peut-être existe-t-il d'autres formes de vie que nous ignorons.

Sur Mars, nous pourrons peut-être, dans le futur,

trouver des fossiles d'une vie tout à fait microscopique qu'il y aurait eue, il y a des milliards d'années. Mais à présent, la vie a totalement disparu sur la planète rouge.

Les explorations récentes de cette planète ont pour but, entre autres, de détecter s'il y a eu de la vie et donc surtout, de savoir s'il y a eu de l'eau de façon pérenne. Car nous avons des preuves qu'il y a bien eu de l'eau, mais pour accueillir la vie, il faut que l'eau reste durablement, et à l'état liquide.

Sur Terre, la vie est apparue dans l'eau après des centaines de millions d'années. Même si l'on sait qu'il y a eu de l'eau sur Mars, notamment par des traces de ravinements qui le suggèrent, il est possible que ce n'ait été que des inondations et il serait alors peu probable que la vie s'y soit développée.

Nous avons donc de bonnes raisons de penser que nous sommes la seule planète habitable et habitée dans notre système solaire.

Mais qu'en est-il en dehors ?

Depuis une dizaine d'années maintenant, nous avons détecté une quantité de planètes autour d'étoiles voisines du Soleil. Les scientifiques avaient fait cette hypothèse, ils en ont maintenant la preuve. On en connaît à peu près deux cents. La question est précisément de savoir si ces planètes peuvent aussi héberger de la vie.

Dans l'état actuel des connaissances, il est difficile de répondre car, contrairement aux planètes de notre système solaire, ces planètes n'ont pas de sols solides et se déplacent en se rapprochant et en s'éloignant régulièrement de leur étoile.

Le Soleil est une étoile qui vit dans une galaxie que l'on appelle la Voie lactée, celle que nous voyons par de belles nuits d'été. C'est une étoile parmi les quelque cent milliards qu'il y a dans notre galaxie. C'est une étoile jaune, de petite masse par rapport à d'autres étoiles.

Autour de ce soleil tourne une collection de planètes et en particulier notre Terre. La Terre se trouve en orbite autour du Soleil, et pour un certain nombre de raisons, cette orbite nous est très favorable : la Terre est à une telle distance du Soleil qu'il y fait ni trop chaud, ni trop froid. Si elle était plus loin, l'eau serait de glace, si elle était plus proche, l'eau existerait sous forme de vapeur. Nous avons la seule planète du système solaire où l'eau soit présente dans ses trois états, condition nécessaire à l'apparition de la vie.

Notre système solaire est caractérisé par des planètes qui ont des orbites bien stables et circulaires, avec par conséquent une température qui change peu au cours de l'année. Imaginons que la Terre dans son orbite se rapproche ou s'éloigne fortement du Soleil, cela entraînerait des variations extrêmes des températures qui seraient assurément nocives à la vie.

C'est le cas dans la grande majorité des systèmes que l'on a détectés. Les planètes géantes, du type Jupiter ou Saturne, n'ont vraisemblablement pas de sols solides. Or, on pense que la vie a besoin d'eau pour se développer, et pour avoir de l'eau, une planète doit absolument avoir un sol solide. Ces planètes, souvent gazeuses, connaissent des variations de températures trop importantes qui nous rendent sceptiques sur la vie qui pourrait s'y développer.

Nous avons longtemps pensé que notre système solaire particulièrement stable devait être un modèle pour les autres étoiles mais ce n'est pas le cas. Nous avons en réalité un système solaire assez spécial. La plupart des autres systèmes planétaires, au contraire, ont des planètes aux orbites extrêmement elliptiques, et de fait, il est peu vraisemblable que l'on y décelle la présence d'êtres vivants. Il n'est pas exclu non plus que nous manquions fortement d'imagination pour envisager d'autres formes de vie que celles que nous connaissons.

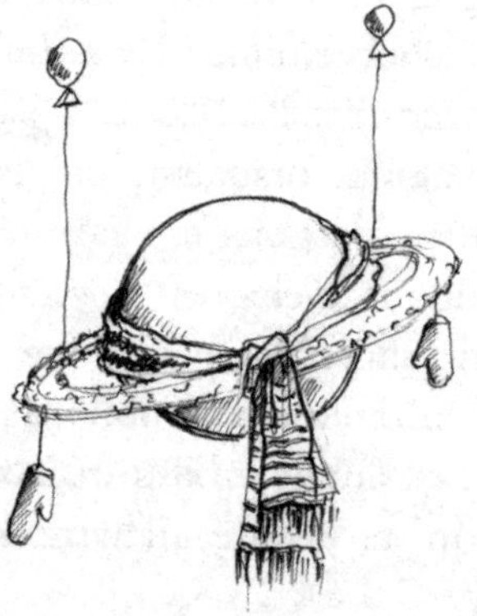

QU'EST-CE QUE L'ÉCHELLE DE PRÉDATION ?

L'ÉCHELLE de prédation signifie seulement que chaque animal qui se nourrit d'autres animaux est généralement lui-même mangé à son tour. Il y a donc des prédateurs et des proies sur l'échelle de prédation, allant des plus grands mammifères, jusqu'aux plus petits insectes. Les grands prédateurs de notre planète, ceux qui ne sont pas mangés, se situent au sommet de l'échelle : loups, lions, tigres, rapaces, ours... En bas de l'échelle, il y a les petits animaux : rats, souris et ce qu'ils mangent...

L'échelle de prédation s'est équilibrée sur Terre après des millions d'années d'évolution. Chaque animal a donc sa place et joue un rôle utile sur l'ensemble de l'échelle de prédation.

On parle aujourd'hui du risque de tuer les grands prédateurs. On a éliminé le haut de l'échelle en

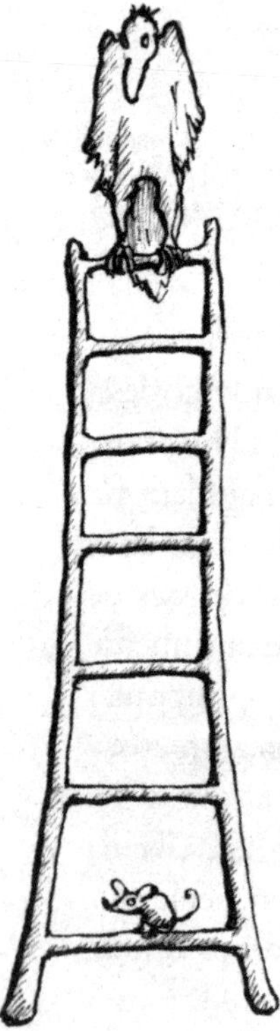

tuant les loups, les tigres… Le danger est donc l'effet "boule de neige" que cette action humaine implique sur l'échelle de prédation.

L'homme s'est longtemps dit qu'il ne pouvait pas vivre avec les loups. Pendant des siècles, on a donc tué massivement des loups. Les chasseurs de loups étaient d'ailleurs encouragés par une récompense offerte en échange des oreilles de l'animal. Aujourd'hui, on s'aperçoit que c'est tout le contraire qui se produit : les loups sont utiles, voire indispensables dans certains secteurs. Ils se nourrissent et ingèrent une grande quantité de petits animaux qui, sans cette prédation, pourraient proliférer. Tuer les loups ou tout autre grand prédateur, entraîne donc inévitablement des problèmes graves sur toute l'échelle de prédation.

COMMENT LE DÉRÈGLEMENT DES CLIMATS SUR TERRE SE TRADUIT-IL AUJOURD'HUI ?

LA PRÉSENCE de gaz carbonique dans l'atmosphère est une condition essentielle pour, qu'à la surface de la Terre, il y ait de l'eau liquide. Aujourd'hui, par l'industrie, les voitures ou encore le chauffage de l'habitat, nous augmentons considérablement cette quantité de gaz carbonique. Nous sommes passés de 270 parties par million à 350 et ce taux continue de monter. Nous pourrions très vite doubler, voire tripler cette quantité de gaz carbonique dans l'air.

La conséquence a été une augmentation de la température d'à peu près 1° C durant le XXe siècle ; 2° C à 5° C sont prévus pour le XXIe siècle. La détermination exacte de ce chiffre dépendra de la réaction des humains. Si nous conservons nos habitudes de vie, *business as usual,* comme disent les Américains, il est certain que nous pourrons atteindre une augmentation de 5° C.

Quelles seront alors les conséquences ?

L'augmentation de la température a pour effet essentiel de faire fondre la glace et donc d'augmenter le volume de l'eau. La mer monte car non seulement les glaciers fondent, mais aussi parce que l'eau, comme toutes les substances, augmente de volume : quand on la réchauffe, elle se dilate. Aujourd'hui, nous constatons que le niveau de la mer a augmenté parfois d'environ 50 centimètres et il va sûrement augmenter dans des proportions beaucoup plus importantes car l'on se rend compte que le Gröenland et l'Antarctique fondent à des vitesses vertigineuses. On peut s'attendre à une élévation minimale d'un mètre avant la fin du siècle alors même que des scientifiques plus pessimistes, mais non moins réalistes, imaginent une montée de plusieurs mètres.

POURQUOI LA TERRE EST-ELLE HABITABLE ?

LA TERRE est habitable car on y trouve des conditions appropriées au développement de la vie. Ces conditions sont nombreuses et l'une des toutes premières est bien sûr la température. Elle doit être telle qu'il y ait de l'eau liquide, donc à plus de 0° C car en-dessous l'eau se tranforme en glace, et à moins de 100° C car au-dessus elle devient vapeur. Sur notre planète, nous avons ces trois types d'eau : de la glace, de l'eau liquide et du gaz.

Comme nous l'avons déjà dit, nous réunissons ces conditions car nous ne sommes ni trop loin ni trop près de notre étoile : le Soleil. Si nous étions plus près, comme l'est Vénus en ce moment, il ferait trop chaud, nous n'aurions pas d'eau liquide. Si nous étions trop loin, comme Jupiter ou Saturne, il ferait trop froid. Ce qu'on appelle la "zone habitable" d'un système planétaire est la zone située à une distance telle de son étoile, que la présence d'eau liquide devient possible.

Ensuite, il faut que cette température soit stable. La planète doit donc avoir une orbite circulaire pour que la distance planète-étoile ne varie pas trop et ce de manière pérenne, car il faut des milliards d'années pour que la vie puisse s'y développer.

Autre condition fondamentale : il faut que la planète soit rocheuse et non constituée par une boule de gaz : pour avoir de l'eau, des océans, des fleuves, des lacs, il faut nécessairement un socle rocheux.

Mais nous trouvons aussi toujours de nouvelles conditions essentielles à la vie.

Par exemple, la Terre a un champ magnétique – nous le savons grâce aux boussoles – et ce champ magnétique joue un rôle fondamental parce qu'il détourne de la surface de la Terre ce que nous appelons les rayons cosmiques. Ce sont des particules à haute énergie, des protons, des électrons, qui cheminent partout dans l'espace et qui frappent les objets célestes, par exemple la Lune directement, car elle, au contraire, n'a pas de champ magnétique.

Notre champ magnétique dévie ces particules. Celles qui arrivent un peu plus près sont absorbées par l'atmosphère de sorte que nous sommes protégés de ces rayons cosmiques.

Enfin, notre planète est une planète active. Elle a des volcans, des tremblements de terre, elle connaît des déplacements de continents… Tout cela semble assez néfaste, mais c'est en réalité un aspect fondamental qui met en exergue sa propre activité : notre planète était au départ très chaude, elle s'est progressivement refroidie et c'est la propagation de la chaleur au travers du corps de la Terre qui provoque ces événements. Pourquoi sont-ils importants ? Parce que le volcanisme émet continuellement des gaz qui forment notre atmosphère. Sur une planète comme Mars, où le volcanisme a cessé, l'atmosphère a donc pratiquement disparu.

YELLOWSTONE

PEUT-ON VIVRE AVEC LES LOUPS ?

PENDANT LONGTEMPS, les hommes ont dit qu'ils ne pouvaient pas vivre avec les loups, car ils mangent les moutons, et causent de nombreux problèmes. L'étude scientifique de la vie et des éléments de la vie a fait apparaître une autre réalité : c'est ce que nous appelons l'échelle de prédation, dont nous avons parlé précédemment. Lorsque l'on regarde ce qui se passe dans la nature, on remarque que chaque animal est souvent à la fois une proie et un prédateur. L'échelle de prédation part des plus grands prédateurs que sont les loups, les lions, les aigles, certains requins qui ne sont mangés par aucun autre être vivant, et va jusqu'aux toutes petites formes de vies comme le plancton marin ou les êtres microscopiques.

Cet équilibre est fondamental : si l'on dérange cette échelle, cela produit immédiatement des catastrophes.

L'histoire de l'expérience du grand parc naturel américain de Yellowstone, dans l'état du Wyoming, est éloquente.

Dans les années 20, on a éliminé tous les loups de ce parc. Le nombre d'herbivores, wapitis notamment, s'est alors multiplié, ils ont brouté la végétation, les arbustes ne pouvaient plus grandir.

Les castors, qui utilisaient les arbres pour faire leurs constructions, n'en avaient par conséquent plus assez, et toute une série de catastrophes a découlé de l'extermination initiale des loups.

Depuis quelques années, on a donc réintroduit les loups et la végétation "détruite" a repris petit à petit sa place. Un équilibre se rétablit doucement : les loups mangent les herbivores sans les faire disparaître, ces herbivores mangent des plantes sans en prélever la totalité, et ainsi de suite…

Cette expérience très probante montre l'importance de cet équilibre qui a été rompu par les hommes en éliminant le grand prédateur du parc, en l'occurrence le loup. Cet équilibre qui a pris des millions d'années pour se former a été perturbé par l'activité humaine et s'est révélé un désastre pour toute la chaîne alimentaire.

Et en France ? qu'en est-il des loups ?

C'est un dossier très actuel et très polémique, ce qui nuit beaucoup à sa résolution.

Rappelons d'abord que le loup avait disparu de notre pays, du fait de la chasse acharnée dont il était l'objet. Les derniers ont disparu en Limousin, un peu avant la Seconde guerre mondiale. Il est revenu naturellement d'Italie, d'où il n'avait jamais disparu. En 1992, les premiers apparaissent dans le parc du Mercantour.

S'il est revenu, c'est parce qu'il a trouvé des milieux d'accueil favorables et notamment des proies sauvages en nombre suffisant. Le loup se nourrit majoritairement d'ongulés sauvages, tels les chamois, mouflons, chevreuils, cerfs mais aussi sangliers. Le loup est donc le signe du bon état de la nature et il participe à ce bon état par son rôle de prédateur.

Le problème est que le loup mange aussi des moutons. Même si en chiffre global, l'impact est peu important, le loup tue plusieurs centaines de brebis – alors qu'il en meurt 25.000 pour d'autres causes accidentelles. Les pertes peuvent être non négligeables à l'échelle d'un élevage et au-delà des pertes, il est certain que les contraintes imposées par la présence du loup sont réelles, et que le métier ne se pratique pas de la même façon avec ou sans sa présence.

Les associations membres de la Mission loup de FNE (France Nature Environnement), dont la ligue ROC, ont depuis longtemps reconnu la réalité des problèmes posés. Et elles agissent pour contribuer à trouver et mettre en place des solutions.

Car la réponse à la question initiale est : oui, il est possible de cohabiter. Les exemples étrangers le montrent et le recul que l'on a maintenant en France également. En effet, les statistiques mettent en évidence que là où la prévention est mise en place, le nombre d'attaques et de victimes diminue très nettement.

Cette prévention repose sur les chiens de protection, le regroupement nocturne, et la présence d'un berger. Il faut ajouter à cela l'indemnisation des brebis tuées.

La profession doit bien sûr être aidée pour la mise en place de ces moyens, les aides devant être conçues pour favoriser ceux qui jouent le mieux la carte de la cohabitation. Il n'est en effet pas normal que celui qui ne protège pas son troupeau, alors qu'il sait qu'il est dans une zone à loup, soit aussi bien indemnisé que celui qui fait l'effort de la mise en place des moyens de protection. Le tir d'un loup ne peut, par ailleurs, intervenir que dans les cas ou la prévention est mise en échec.

Vivre avec et non contre la faune sauvage.

Terre, planète bleue
où un cosmonaute
au hublot de sa
navette nomme
les continents
des géographies
de son enfance.

Terre, planète bleue qui accomplit son 4.556.000.000ème tour autour d'un soleil qui achève sa 25ème révolution autour de la Voie lactée.

EST-IL POSSIBLE QUE D'AUTRES CIVILISATIONS AIENT REÇU NOS SIGNAUX ?

LA QUESTION est tout à fait pertinente puisque, sur la Terre, nous émettons des ondes radio depuis à peu près 150 ans. La TSF date en effet du milieu du XIXe siècle.

Les ondes radio se déplacent à la vitesse de la lumière, soit 300.000 kms par seconde. Une année lumière représente 10.000 milliards de kilomètres. Si nous émettons depuis 150 ans, cela veut dire que nous avons émis jusqu'à des distances de 150 fois 10.000 milliards de kilomètres. Cela représente déjà un grand volume de l'univers qui comprend de très nombreuses étoiles. Donc, ces étoiles, ou plutôt les planètes qui gravitent autour et les hypothétiques habitants de ces planètes, pourraient avoir détecté nos messages.

Nous pouvons imaginer que, quelque part sur

une planète, des êtres sont devant leur poste de radio ou de télévision à 35 années-lumière, attendant le dernier épisode de *Dallas et son univers impitoyable* ! Plus sérieusement, notre action sur l'espace est importante en ce sens que nos messages ont été diffusé sur 150 années-lumière. Ils peuvent donc avoir été détectés, toujours s'il y a de la vie, des gens et des antennes radio, autour d'un millier d'étoiles et cela continue d'augmenter car chaque année la sphère de nos communications s'étend de 10.000 milliards de kilomètres.

POURQUOI LE PIGEON MIGRATEUR DU NORD DE L'AMÉRIQUE A-T-IL DISPARU ?

IL FAUT RAPPELER en effet qu'au siècle dernier, il y avait plusieurs milliards de pigeons migrateurs en Amérique du Nord. Or, aujourd'hui, il ont pratiquement tous disparu.

Alors, que s'est-il passé ?

Tout d'abord, nous avons commencé à les chasser. Les méthodes artisanales des Indiens ont laissé la place aux méthodes plus radicales des Blancs : ce pouvait tout aussi bien être l'utilisation de bombes que l'embrasement des arbres. Progressivement, la population a diminué.

Le pigeon voyageur est une espèce de pigeons et les individus ne sont bien entendu pas tous identiques. Leur code génétique a des ressemblances avec celui des autres mais marque cependant des différences. Au-delà du simple fait d'appartenir à une espèce, chaque animal a une individualité qui est importante pour l'espèce tout entière : il arrive que certains individus soient en effet plus rapides que d'autres à s'adapter à des conditions difficiles.

Or, la disparition de ceux-ci va être fondamentale dans la survie de l'espèce dans sa globalité. Il n'est pas utile de détruire tous les individus d'une même espèce pour la menacer d'extinction, il suffit de quelques-uns pour la mettre en danger car elle ne pourra plus s'adapter.

La conséquence est donc qu'aujourd'hui, il n'y a plus un seul pigeon migrateur.

En matière de pêche, nous avons le même problème avec les morues.

En pratiquant la "surpêche", il y a quelque dizaines d'années, le quota de morues dans l'océan Atlantique est descendu à 10 % de ce qu'il était. On a pensé à tort que ces poissons pourraient se régénérer, mais la population restante ne représente pas assez de variabilité génétique, c'est-à-dire de capacités à s'adapter, pour que l'espèce puisse revenir à son niveau initial.

QUE FAIRE POUR PRÉSERVER LA BIODIVERSITÉ ?

C'EST UNE VASTE question, les réponses sont multiples. Cependant il est un principe qui devrait nous guider.

La biodiversité étant la variété des formes de vie et leurs relations sur notre belle planète, nous en faisons partie, et nous en dépendons. C'est-à-dire qu'il n'y a pas d'un côté la nature, de l'autre l'homme. Un premier principe d'action s'impose donc : cessons de croire que nous pouvons nous extraire et maîtriser l'ensemble du fonctionnement du vivant. Partant de ce principe, la biodiversité n'est pas à considérer quand on en a le temps, ou quand cela ne dérange aucun intérêt, elle est au contraire à intégrer dans toutes nos activités.

Par exemple :

- L'agriculture doit se faire avec et non contre la

biodiversité. Des agronomes ont montré que l'association de cultures pouvait permettre d'obtenir une production aussi efficace qu'une monoculture poussée aux engrais.

- L'aménagement du territoire doit se faire en respectant les zones naturelles. Est-il normal qu'une zone commerciale puisse encore être construite sur des milieux naturels rares ? Est-il normal qu'un quartier puisse encore être créé sans espace de nature ?

- La fiscalité aussi devrait prendre en compte la nature. Est-il normal que, sur une zone côtière, certaines municipalités urbanisent à tout va, touchant alors beaucoup de taxes fiscales tandis que la commune voisine qui respecte mieux les milieux naturels est moins riche ? C'est d'autant plus injuste que les habitants de la ville urbanisée iront passer leurs loisirs dans les zones naturelles de la commune voisine plus respectueuse de la nature.

- Est-il normal de continuer à utiliser des pesticides dans les parcs urbains quand on sait les dégâts qu'ils causent à la faune mais aussi les conséquences qu'ils ont sur notre santé ?

Nous sommes capables de prévoir des plans autoroutiers à vingt ans. Alors pourquoi n'existe-t-il pas d'objectifs sur le long terme pour la protection de la nature ?

Les schémas d'aménagement fixent des normes pour établir les équipements de santé, les commissariats, voire les équipements culturels. Pourquoi ne le ferait-on pas pour les zones naturelles ? Je rêve d'une règle d'urbanisme qui dirait que tout habitant doit avoir accès à une zone naturelle préservée à moins de trente minutes de chez lui.

Intégrer la biodiversité dans toutes nos activités nécessite que chacun se saisisse du sujet : l'Etat bien sûr, mais aussi les collectivités locales, les entreprises, les écoles… et nous tous.

C'est d'une mobilisation collective dont la biodiversité a besoin, dont nous-mêmes avons besoin.

EST-IL VRAI QUE SI LES ABEILLES DISPARAISSENT, L'HUMANITÉ EST EN DANGER ?

LES NOUVELLES sont en effet très inquiétantes un peu partout dans le monde. Nous constatons que les populations d'abeilles diminuent très rapidement. Les raisons de cette diminution sont encore mal connues. Il y a assurément plusieurs facteurs et bien sûr, encore une fois, l'humanité est totalement impliquée.

Il y a tout d'abord les pesticides dont on asperge les champs. Les insectes qui butinent des fleurs sont éliminés.

La pollution des écosystèmes, l'urbanisation, le fait que l'on supprime de plus en plus d'espaces naturels, cette fragmentation du territoire entraîne une diminution des surfaces où l'on peut trouver des fleurs.

Il y a probablement d'autres facteurs que l'on ne connaît pas encore très bien avec par exemple le rôle des espèces invasives, comme le bourdon, qui représentent un danger pour les populations d'abeilles.

Alors pourquoi faut-il se soucier de la diminution du nombre d'abeilles ?

Les abeilles font du miel, certes, mais nous n'avons pas besoin de miel pour vivre ! Les abeilles et les insectes se sont vu attribuer un autre rôle dans la nature : celui de pollinisateurs, c'est-à-dire qu'ils transportent la semence mâle des fleurs vers la semence femelle et permettent ainsi l'apparition des fruits. Or, il se trouve que les arbres fruitiers et la végétation des végétaux sont une fraction importante de la nourriture des êtres humains et l'on s'aperçoit que dans certains cas, les arbres fruitiers ne produisent plus, car il n'y a plus suffisamment d'abeilles.

Voici donc un autre exemple de réaction en chaîne. On élimine une espèce, résultat : des conséquences sur tout un système influencé par l'espèce.

QU'EST-CE QU'UNE ESPÈCE INVASIVE ?

UNE ESPÈCE invasive est une espèce introduite, volontairement ou non, dans une région où elle n'existait pas et qui s'y acclimate jusqu'à proliférer. Cette acclimatation s'accompagne de perturbations dans le fonctionnement des milieux naturels concernés, de mises en danger d'espèces présentes ou de dégâts à des activités humaines, voire de problèmes sanitaires.

Certains exemples sont très connus.

Citons l'écureuil gris originaire d'Amérique qui, introduit dans les Iles britanniques, cause la disparition de l'écureuil roux européen. Il faut noter que cet écureuil gris est en train d'étendre son territoire en Italie non loin de la frontière française.

Citons le ragondin : élevé pour sa fourrure, il s'est échappé en maints endroits et a maintenant colonisé l'ensemble de notre territoire, pouvant causer des dégâts aux digues.

La tortue de Floride, cette petite tortue d'aquarium, qui grandit, et que les propriétaires trouvent alors trop encombrante, est relâchée dans des plans d'eau. Elle s'y adapte et sa prédation sur la faune locale est importante.

La jussie, plante aquatique d'ornement, colonise les rivières, les étangs, bouleversant et asphyxiant les écosystèmes.

La perruche à collier, grande perruche originaire d'Asie, ou le tamia, petit écureuil terrestre, sont de plus en plus visibles dans nos forêts et parcs périurbains.

Les problèmes posés par l'introduction d'espèces sont variables et plus ou moins graves, suivant les lieux et les espèces concernées. Mais elle n'est jamais sans conséquences. On estime que ce phénomène est l'une des menaces les plus fortes pesant sur la biodiversité.

Dans les îles par exemple, les introductions sont souvent la cause de bouleversements globaux, et de disparition totale d'espèces. A Tahiti, une plante importée, le Miconia a conquis les deux-tiers de l'île. Un escargot carnivore importé a fait disparaître cinquante-neuf espèces d'escargots locaux de Polynésie.

Alors que faire ?

Il est souvent difficile et très coûteux d'agir en aval de ces acclimatations, il faut donc les prévenir au maximum, et intervenir dès qu'une espèce est repérée. Les pouvoirs publics doivent donc être vigilants et mettre en œuvre des dispositifs de prévention et de suivi.

Mais nous sommes individuellement concernés. Ne nous laissons pas séduire par la mode de telle ou telle plante ornementale, trop d'entre elles finissent dans nos campagnes prenant la place d'espèces originelles, tandis que la mode passant nous n'en voulons plus dans nos jardins.

Ne nous laissons pas tenter par l'achat d'une espèce animale importée que peut-être dans un an nous ne voudrons plus, d'autant qu'il faut savoir que pour un individu arrivé vivant dans l'animalerie beaucoup sont morts au cours du voyage.

Dans un monde où les échanges se multiplient, il faut une vigilance de tous et de tous les instants.

POURQUOI Y A-T-IL DE GRANDS DÉPLACEMENTS DE POPULATIONS DANS CERTAINS PAYS ?

La détérioration des conditions de vie sur la planète, et en particulier la hausse des températures, entraînent notamment la hausse du niveau des eaux et de grands déplacements de populations. Dans les îles du Pacifique, les gens qui vivent avec un mode de vie très frugal, et qui émettent très peu de gaz carbonique, sont obligés de quitter leur île parce que la mer monte et que les tempêtes sont de plus en plus violentes. Les vagues inondent les territoires et salinisent les terres qui deviennent infertiles. Parce que nous, Occidentaux, nous émettons trop de gaz carbonique, d'autres populations sont contraintes de quitter leur pays.

C'est un problème très important qui nous amène à penser que nous devons aujourd'hui développer une véritable conscience terrienne. Il faut prendre conscience que ce que nous faisons, l'activité que nous produisons sur notre coin de terre, peut avoir des effets à l'autre bout de la planète. Nous ne sommes pas coupables, mais responsables.

Un des exemples les plus dramatiques est le Bangladesh. Cette région du nord-est de l'Inde se détériore pour de nombreuses raisons, en particulier la déforestation des pans de l'Himalaya. Le fait de couper les arbres a réduit la capacité de la terre à retenir suffisamment la pluie qui ruisselle sur les sols, les eaux dévalent les pentes et provoquent des inondations. En augmentant la température, nous augmentons également les quantités de pluie, ce qui aggrave cette première situation.

Dans ce pays de 20 millions de personnes, les populations vont probablement devoir émigrer dans les décennies à venir. Nous en sommes pleinement responsables. Insistons sur le fait que les dérèglements climatiques affectent aujourd'hui beaucoup plus les populations pauvres que les populations riches…

LA BIODIVERSITÉ, À QUOI ÇA SERT ?

A RIEN. A tout. Parce que la biodiversité, c'est la vie.

C'est la première réponse que j'ai envie de faire. Elle sous-entend que si l'on y réfléchit la question ne se pose pas, sauf si l'on a envie de philosopher sur le sens de la vie : à quoi sert notre chat ? et nous-mêmes, à quoi servons-nous ?

Alors prenons donc la question ainsi : à quoi nous sert la biodiversité ?

Elle nous sert à manger ; c'est une évidence, et si nous n'avions qu'un seul aliment à notre disposition, nous n'aimerions pas. Elle nous sert à nous habiller : la chaleur de la laine, la douceur de la soie, le coton qui devient jean. Elle nous sert à nous soigner. Pas seulement si l'on est un "écolo" buveur de tisanes : l'if du Pacifique ou la Pervenche de Madagascar ont fourni de très efficaces anticancéreux. Elle nous donne de l'énergie. Pas seulement le feu de l'homme préhistorique : notre pétrole est issu de la décomposition de végétaux. Elle nous sert à construire. Pas seulement la cabane en bois de notre jardin : le béton du viaduc de Millau est là parce que des micro-organismes se sont décomposés, il y a 150 millions d'années.

Une histoire d'abeilles pour ceux qui doutent… Dans une région de l'Himalaya, la production de pommes a, dans la dernière décennie, chuté de 50 %. On s'est aperçu que l'usage intensif de pesticides avait fait chuter la population des abeilles sauvages et domestiques qui pollinisaient les pommiers. Dans certains cas, il a même fallu que les habitants pollinisent à la main pour espérer récolter.

Et une histoire de vers de terre… Dans une région de l'Inde, la production de thé avait chuté, les sols étant épuisés par l'agrochimie. Une expérience de réintroduction de vers de terre a permis de doubler la production dès la première année.

Tout cela est très utile… mais que dirions-nous d'un monde sans forêt pour nous y promener ? Sans fleurs à admirer ? Que dirions-nous d'une mer vide, sans couleur ni odeur ? Que dirions-nous d'un monde sans chants d'oiseaux ou de cigales ? Voudrions-nous vivre sur une planète qui comme la planète Trantor du livre *Fondation,* serait entièrement recouverte de béton et d'acier ?

Et puis, sans biodiversité, *Les Quatre Saisons* de Vivaldi, *Les Tournesols* de Van Gogh, *Les Fleurs du Mal* de Baudelaire, les rennes du Père Noël n'existeraient pas… Serions-nous alors ce que nous sommes ?

La biodiversité nous est indispensable, mais si elle pouvait parler peut-être nous demanderait-elle à son tour à quoi nous lui servons…

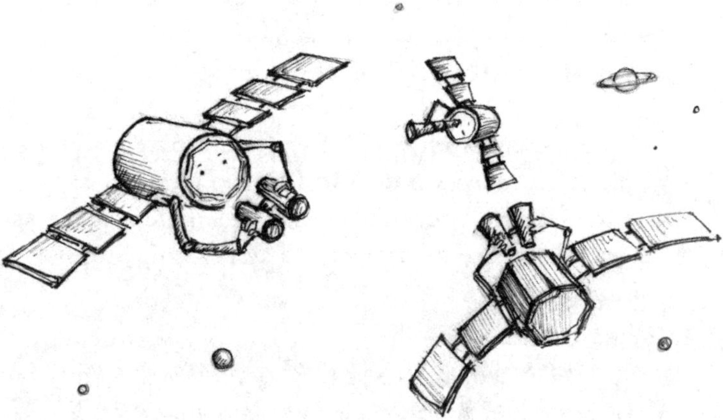

A QUOI SERVENT LES SATELLITES ?

ON A FÊTÉ récemment, en 2007, le cinquantième anniversaire du lancement dans l'espace des premiers engins spoutniks. J'étais aux Etats-Unis pendant cette période et les Américains étaient affolés, ils pensaient que les communistes étaient au-dessus de leurs têtes !

Depuis un demi-siècle, différentes catégories de satellites ont vu le jour. Il y a ceux qui regardent vers le ciel et ceux qui regardent vers la Terre. Ceux qui regardent vers le ciel sont fondamentaux sur le plan de la connaissance. Nous avons appris énormément de choses sur les étoiles, sur les galaxies, sur notre système solaire. Cela représente un grand apport de savoir et je crois que cet apport est un élément essentiel de l'avancée de l'humanité.

Mais il y a aussi ceux qui regardent vers la Terre,

et sont donc en mesure de gérer des situations que nous ne pourrions pas régler à partir du sol. Concernant les cultures et l'agriculture, ils donnent des informations sur la détérioration ou l'amélioration des forêts, le désert qui avance… Ils servent également à observer les cyclones, à prévenir les populations de ces dangers, etc.

Donc, double intérêt de la physique spatiale : connaître mieux l'univers et mieux maîtriser les situations terrestres pour l'agriculture et la météorologie notamment.

FAUT-IL NOURRIR LES OISEAUX L'HIVER ?

OUI, parce qu'ils ont faim !

Les plumes des oiseaux sont des isolants thermiques et imperméables très efficaces. Les oiseaux peuvent donc parfaitement lutter contre le froid, à condition d'avoir le carburant pour faire face à la dépense énergétique. Et ce carburant, c'est la nourriture. Or, en hiver, sous nos latitudes, elle se fait rare. Les insectes sont inaccessibles, les végétaux ne produisent plus. Certains oiseaux résolvent le problème en s'envolant pour des cieux plus cléments, il s'agit surtout d'espèces insectivores qui ne trouvent plus rien à se mettre dans le bec : l'hirondelle, le coucou, la fauvette rejoignent ainsi l'Afrique. Pour ceux qui restent, il faut s'adapter. Cela signifie changer de régime alimentaire, comme les mésanges, qui insectivores – mangeuses d'insectes – à la belle saison, deviennent granivores – mangeuses de graines – en hiver.

Mais il n'est pas toujours facile de trouver sa pitance lorsque le sol est gelé, la neige éparse et que, petit à petit, les réserves de fruits ou de graines issues de la belle saison s'épuisent.

C'est là qu'un coup de pouce peut être utile. Evitons le pain trop peu riche en graisse et préférons lui les graines de tournesol, de millet, les vieux fruits, les boules de graisse que l'on fabrique ou que l'on achète. Et n'oublions pas l'eau. Disposons le tout plutôt en hauteur, à l'abri des chats, et des rongeurs qui, eux, n'attaqueront pas les oiseaux mais risquent de tout manger. Une fois le nourrissage commencé, pensons à approvisionner la mangeoire, car les rouges-gorges, merles, et autres moineaux dépendront de ce point de nourriture. Nettoyons la mangeoire régulièrement surtout si le gel n'est pas constant, sinon des maladies peuvent se propager d'un oiseau à un autre, causant parfois de vraies hécatombes.

Aux beaux jours revenus, cessons notre aide. Les oiseaux se débrouilleront très bien. Bien sûr, profitons de leur présence à la mangeoire pour les observer.

Enfant, alité pour cause de maladie, je me souviens avoir passé des heures à les épier par la fenêtre, m'apercevant qu'avec un peu d'attention, on pouvait les reconnaître individuellement, découvrant la hiérarchie qui s'établit entre les espèces. Les mésanges agressives n'arrivent pas à s'imposer aux merles plus grands, les tourterelles au contraire s'imposent par leur simple taille alors qu'elles sont tout à fait placides. J'observais que le pinson répugne à monter sur la mangeoire préférant se nourrir de ce qui tombe au sol. Le rouge-gorge, lui, ne se montre que lorsque les autres ne sont pas là. Tout le monde se sauve lorsque surgit l'ombre de l'épervier.

N'oublions pas : la nature est aussi en bas de chez nous.

R.A.
C.M.
L.C.

ON PARLE SOUVENT DU TROU DANS LA COUCHE D'OZONE, MAIS QU'EST-CE QUE L'OZONE ?

C'EST UNE MOLÉCULE d'oxygène qui contient trois atomes d'oxygène. Celui que nous respirons ne contient que deux atomes d'oxygène. Il y a de grandes quantités d'ozone mais tout particulièrement dans deux endroits différents. On distingue le "bon" ozone du "mauvais" ozone. Ce sont en réalité les mêmes, mais qui ne sont pas situés au même endroit.

Le bon ozone est situé haut dans le ciel, le mauvais est parmi nous sur la Terre.

L'ozone se produit naturellement. Quand il y a un orage par exemple, il exhale une odeur curieuse.

Ce que l'on a découvert est que l'industrie humaine, et en particulier le transport routier, dégage énormément d'ozone. Le matin, quand le soleil se lève, les hydrocarbures émis par les voitures combinés aux oxydes d'azote ont pour effet de produire cette molécule que nous respirons dans nos villes et qui se déploie dans les campagnes. Elle a un effet négatif pour la photosynthèse (décoloration des pins maritimes) et pour nous-mêmes. C'est un phénomène qui s'étend. On a longtemps cru qu'il était réservé aux endroits où il y avait une forte concentration de circulation mais dans les faits, il s'étend très loin.

Alors, à l'inverse, pourquoi l'ozone qui est dans le ciel est-il bon pour nous ?

En réalité, c'est une mince couche, appelée la couche d'ozone. Elle contient relativement peu de molécules mais elles ont un rôle très important car elles absorbent le rayonnement ultra-violet du soleil. Pendant les années 80, alors même qu'on découvrait la couche d'ozone, on a constaté qu'elle diminuait progressivement.

Quelles sont les conséquences ?

A cause de cette diminution, les rayons ultra-violet du soleil arrivent jusqu'au sol provoquant des problèmes et en particulier des cancers de la peau. Aujourd'hui, nous avons découvert la source de cette destruction de l'ozone : il s'agit de molécules fabriquées par les êtres humains, les composés chimiques appelés C.F.C. (chlorofluocarbures). Ils sont interdits depuis le moratoire de Montréal de 1987 et leur quantité a donc considérablement diminué. Ce dommage que l'on nomme le “trou” dans la couche d'ozone est situé au-dessus du Pacifique.

Il semble se stabiliser mais nous n'en avons pas encore la certitude.

EXISTE-IL DES ANIMAUX NUISIBLES ?

LA RÉGLEMENTATION juridique répond oui à cette question.

Les animaux dits nuisibles sont ceux qui figurent sur une liste nationale : douze mammifères dont le renard, la fouine, la belette, la martre, le putois, le lapin, le ragondin… six oiseaux dont la corneille, la pie, le geai, le corbeau freux, le pigeon ramier…

Chaque préfet sélectionne annuellement, parmi cette liste, les espèces qui seront effectivement classées nuisibles pour son département. Ces espèces peuvent alors être tirées au fusil en période de chasse, mais aussi détruites par piégeage toute l'année.

Voilà ce que dit le droit, et il est en décalage complet avec ce que nous dit la science. Cette réglementation est obsolète, fondée sur une manière de penser qui date du XIXe siècle, quand l'homme classait la faune entre espèces utiles et espèces nuisibles à ses activités.

La science a depuis montré que la nature est faite d'interrelations et que dans ce fonctionnement, chaque espèce joue son rôle. Sans renard pour contrôler les populations de petits rongeurs ceux-ci deviennent trop nombreux, causant alors une pression trop forte sur le milieu. Les agriculteurs qui subissent les surpopulations de campagnols terrestres savent ce que cela signifie.

Par ailleurs, si l'on regarde cette liste de près, on constate que ces espèces sont principalement des petits prédateurs qui se nourrissent de rongeurs, ce qui est bien pratique pour la protection des récoltes. Mais alors pourquoi figurent-ils sur cette liste ? Ne serait-ce pas parce que le chasseur tolère mal ces concurrents qui prélèvent aussi, c'est vrai, des lapins, des faisans qu'il préférerait tirer ?

Alors soyons sérieux, il est temps d'actualiser ce droit aux réalités scientifiques, et donc de supprimer la notion et la liste des espèces nuisibles.

Ce qui d'ailleurs ne signifie pas que, pour les animaux qui peuvent réellement poser des problèmes, tels parfois le ragondin qui peut causer des dégâts aux digues, le lapin qui peut manger un peu trop de primeurs, le pigeon parfois trop gourmand de pois… il ne soit pas possible d'agir.

Simplement, avant de détruire, peut-être faudrait-il protéger les récoltes, dissuader les gourmands. La destruction n'est qu'un dernier recours quand les dégâts causés deviennent insupportables et que les solutions de prévention ont échoué.

Petite anecdote frappante : il arrive que le renard attrape des poules. En Belgique, la presse spécialisée fait la promotion d'un poulailler qui rend simplement les poules inaccessibles au renard. En France, la presse équivalente promeut un poulailler qui permet de capturer le renard pour pouvoir ensuite le tuer…

Cessons de raisonner au plus simple, qui souvent mène à une fausse solution, car le renard abattu sera remplacé par un autre.

Vivre avec et non contre la faune sauvage.

QUEL EST L'AVENIR DES CENTRALES NUCLÉAIRES ?

L'ÉNERGIE NUCLÉAIRE peut être générée par plusieurs méthodes. Il y a la méthode qu'utilisent actuellement nos réacteurs, l'uranium 235, les neutrons lents. Ce que l'on sait peu ou que l'on ne dit pas au sujet de cet uranium est qu'il n'y en a qu'en faible quantité. Il n'y en a pas plus que de pétrole et il est clair que si l'on utilisait cette filière un peu partout dans le monde, nous épuiserions cette réserve en quelques décennies.

Une seconde méthode, qui pourrait durer plus longtemps, est celle des surgénérateurs. Ils utilisent un autre isotope de l'uranium qui est le 238 et il y en a cent fois plus.

L'idée de produire avec ces surgénérateurs paraît donc intéressante. Le problème est que ce sont des réacteurs à très hautes températures, potentiellement accidentogènes. Il n'y a pas aujourd'hui de prototype en état de marche, opérationnel et sécurisé. L'intérêt s'est donc un peu émoussé mais les scientifiques pensent tout de même que cette méthode de production énergétique sera réalisable à partir de 2050-2100. Ce délai semble court, mais je pense malgré tout que c'est en réalité trop tard pour la crise énergétique que nous attendons avec l'épuisement du pétrole, du gaz naturel et du charbon d'ici quelques décennies. Il est trop tard pour le nucléaire.

D'ailleurs il est intéressant de voir que le nucléaire ne se développe pas, à la fois parce que, d'une part la méthode est très onéreuse, et que, d'autre part, c'est une technologie peu sûre.

Je ne pense donc pas que ce soit une voie d'avenir.

On dit par ailleurs qu'avec le nucléaire, nous satisfaisons nos besoins énergétiques pour mille ans. Mais ce laps de temps n'est rien et si dans mille ans les réserves d'uranium sont épuisées, nous nous retrouverons dans la même situation qu'aujourd'hui avec l'épuisement du pétrole.

Il faut donc dès à présent trouver une source d'énergie qui soit à la fois sécurisée et pérenne.

QUELLE EST L'ESPÈCE DE MAMMIFÈRE LA PLUS MENACÉE EN FRANCE ?

EN S'EN TENANT à la France métropolitaine, on peut d'abord rappeler que le bouquetin des Pyrénées a disparu récemment à la fin du XXe siècle. Cela permet de se souvenir que cette question n'est pas qu'une question de forme.

A l'heure actuelle, des menaces fortes pèsent sur le vison d'Europe, le cas de l'ours n'est pas réglé, le cas du campagnol amphibie est inquiétant, mais le plus menacé de tous est sans doute un rongeur dont vous n'imaginez peut-être pas qu'il vit à l'état sauvage dans notre pays. Je veux parler du hamster. Eh oui ! le hamster n'est pas qu'un animal domestique, il existe à l'état sauvage, il s'agit pour être précis du grand hamster qui ne vit, pour ce qui concerne la France, qu'en Alsace.

Originaire des plaines steppiques de l'est de

l'Europe, il est en Alsace dans sa limite ouest de répartition. Autrefois abondant, le hamster a été pourchassé pour les dégâts qu'il peut causer aux cultures, et des primes étaient octroyées pour sa capture. Depuis 1993, il figure, grâce à l'action des associations dont *Alsace Nature*, sur la liste des espèces protégées et ne peut donc plus être tué. Mais le déclin perdure et jusqu'à présent rien n'a pu l'arrêter.

Les causes de cette régression sont diverses :

- Modification des pratiques agricoles par l'avènement de la culture du maïs, qui en matière de biodiversité, instaure quelque chose qui ressemble à un désert vert.

- L'urbanisation qui mange les derniers milieux favorables.

Et voilà une espèce au bord de l'extinction en France. Nous sommes loin des images d'Epinal habituelles des espèces en danger avec les éléphants et autres baleines. Il s'agit d'un petit rongeur, qui ne vit pas dans la nature sauvage mais aux portes de la ville de Strasbourg. Chez nous.

Saurons-nous le sauver ?

Il sera en tout cas le symbole de notre capacité à mettre nos actes en adéquation avec les discours. Saurons-nous concilier avenir de l'agriculture, développement urbain et préservation de la faune ?

Note d'espoir : les acteurs locaux, élus, associations, agriculteurs se mobilisent.

Souhaitons que le Grand hamster devienne la mascotte qui symbolise une autre manière de prendre en compte la nature.

COMBIEN DÉNOMBRE-T-ON D'ESPÈCES VIVANTES SUR TERRE ?

ATTENTION VERTIGE !

Lorsque Linné a jeté les bases de la classification des espèces, il a décrit en 1758, 1.335 espèces de vertébrés. De nos jours, nous en sommes à plus de 50.000. Je parle là des seuls vertébrés. C'est-à-dire de rien en terme de nombre. Parce qu'en tout, les scientifiques ont décrit de nos jours 1,7 million d'espèces animales et végétales. Mais ce chiffre même, n'est rien, car il y a toutes les espèces existantes et qui ne sont pas répertoriées ! En effet, si l'on a décrit presque un million d'espèces d'insectes, on estime qu'il en existe près de huit millions. Si l'on a décrit 100.000 champignons, on estime qu'il en existe plus d'un million. On pourrait continuer la liste des chiffres. Retenons l'image de l'iceberg, dont la partie visible n'est rien par rapport à la partie immergée.

Si l'on connaît bien les grandes espèces, mammifères, oiseaux, et les plantes, on connaît beaucoup moins les espèces moins visibles et on ignore presque tout du monde des micro-organismes.

Au final, les estimations avancent des chiffres vertigineux, entre 10 et 100 millions d'espèces d'eucaryotes, c'est-à-dire d'espèces ayant des cellules à noyaux, comme nous ou les plantes. Et entre 1 à 10 milliards d'espèces procaryotes, c'est-à-dire d'espèces unicellulaires ne possédant pas de noyaux, telles les bactéries.

Regarder la réalité de la biodiversité, c'est ouvrir un nouveau regard sur le monde. On a découvert des espèces animales en nombre incroyable sur la canopée, le sommet des arbres des forêts tropicales, que les scientifiques sont allés explorer en ballon. On a découvert des espèces vivant sans lumière au fond de grottes, des organismes incroyables dans les sources thermales chaudes du fond de l'océan, vivant dans des conditions dont on pensait qu'elles étaient impropres à la vie.

Cette nouvelle frontière pour notre connaissance doit nous conduire à inventer une nouvelle manière de prendre en compte la biodiversité. Quand nous savons que toutes ces espèces interagissent à la fois entre elles, et avec les milieux dans lesquels elles vivent, nous comprenons mieux l'urgence à stopper la perte de la biodiversité. Attention à l'effet domino, un domino tombe, puis un autre, jusqu'à ce que la chute s'emballe et que plus rien ne l'arrête.

Pensons à cette phrase de M. Blondel, professeur au Muséum :

"Supprimer une espèce, c'est changer le cours de l'Histoire, c'est une atteinte à la liberté qu'a le monde de se déployer".

*Terre, planète bleue
où, décroché avec
fracas de la
banquise polaire,
un iceberg bleuté
entreprend son long
périple océanique.*

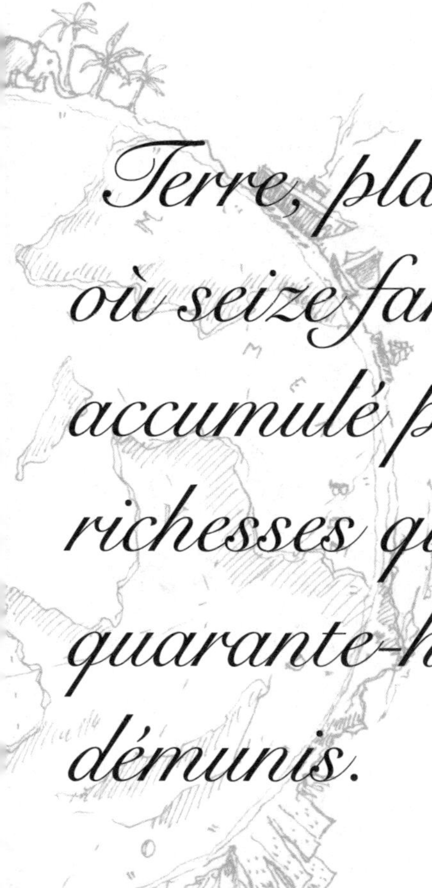

Terre, planète bleue où seize familles ont accumulé plus de richesses que quarante-huit pays démunis.

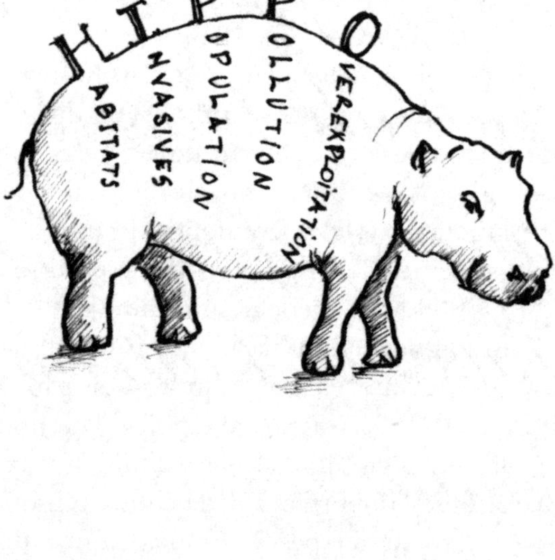
HIPPO
ABITATS
NVASIVES
OPULATION
OLLUTION
VEREXPLOITATION

QUELLES SONT LES MENACES QUI PÈSENT SUR LA BIODIVERSITÉ ?

LA BIODIVERSITÉ, c'est-à-dire la diversité des formes de vie et de leurs relations sur notre planète, a évolué au cours du temps. La biodiversité est quelque chose de dynamique : des espèces disparaissent, d'autres apparaissent au cours de l'évolution. Mais les scientifiques ont montré que le rythme actuel de disparition des espèces était de 100 à 1.000 fois supérieur au rythme naturel.

L'érosion actuelle de la biodiversité est à la fois trop importante et trop rapide. On parle de la sixième crise d'extinction d'espèces. La cinquième est celle qui a vu disparaître les dinosaures…

Cela situe l'importance de la chose, puisque c'est alors le groupe d'espèces dominant qui a disparu. La particularité de la crise actuelle de perte de la biodiversité est qu'elle est causée par l'une des espèces qui en fait partie : l'homme.

Le biologiste américain Edward O. Wilson, souvent considéré comme l'inventeur du mot *biodiversity*, utilise un moyen mnémotechnique qui permet de se souvenir des causes de perte de la biodiversité : HIPPO, ce n'est pas l'hippopotame mais :

Un **H** pour habitats, destruction ou détérioration des habitats par l'urbanisation.

Un **I** pour invasives, les espèces invasives, espèces transportées par l'homme, menaçant le fonctionnement des milieux où elles sont importées.

Un **P** pour pollution par les pesticides, les métaux lourds et autres produits toxiques.

Un autre **P** pour population, la population humaine qui, en croissant, a besoin de plus en plus d'espaces et de ressources.

Un **O** pour *overexploitation,* c'est-à-dire la surexploitation par exemple par la pêche, la chasse, la foresterie…

Quelques chiffres pour illustrer ceci :

- La liste rouge 2007 de l'UICN (Union Internationale pour la Conservation de la Nature) indique qu'un quart des mammifères et un tiers des amphibiens (les grenouilles et tritons) sont en danger d'extinction.

- La taille moyenne actuelle des morues est de 25 centimètres, elle était de un mètre au début du siècle dernier, elles n'ont plus le temps de grandir.

- 50 % des zones humides de France ont disparu ces cinquante dernières années.

- Tous les 10 ans en France, l'équivalent de la surface d'un département moyen disparaît sous le béton et le bitume.

Les menaces qui pèsent sur la biodiversité, nous le voyons bien, sont très concrètes, c'est pourquoi il faut agir vite, et agir fort.

FABRICATION
SUR MESURE
D'EFFET DE
SERRE

QU'EST-CE QUE L'EFFET DE SERRE ?

IL FAUT SE RAPPELER que lorsque le jardinier veut des primeurs au printemps, il met sur ses semis une plaque de verre. Cette plaque a pour effet de piéger la chaleur du Soleil dans la serre. La température augmente et vous avez vos tomates plus vite que vos voisins. C'est ce qu'on appelle l'effet de serre.

Quel rapport avec la situation présente ?

Le gaz carbonique, ce gaz que nous trouvons dans le champagne, nos boissons gazeuses, n'est pas du tout toxique. Il est inodore, incolore et a cette propriété de faire exactement ce que fait la plaque de verre, c'est-à-dire de laisser passer la lumière du Soleil et de retenir sa chaleur. Résultat : la Terre se réchauffe à mesure que le gaz carbonique augmente. Mais il n'y a pas que le gaz carbonique qui a cette propriété, le méthane, les C.F.S. et d'autres gaz produisent ce même effet.

L'effet de serre est un élément important sur la Terre, un élément bénéfique avant d'être un élément néfaste. Si la Terre n'avait pas une certaine quantité de gaz carbonique dans son atmosphère, la température moyenne de la Terre serait de -15° C. Elle est relativement éloignée du Soleil, la chaleur du Soleil ne serait pas suffisante pour réchauffer le sol au-dessus de -15° C.

Donc, une partie du gaz carbonique nous permet d'atteindre un niveau de chaleur où l'eau peut être liquide. Mais ce qui se passe aujourd'hui est que nous encourageons la réalisation de cet effet, au-delà de ce qui est nécessaire : nous augmentons la quantité de gaz carbonique et donc inévitablement la température de la Terre.

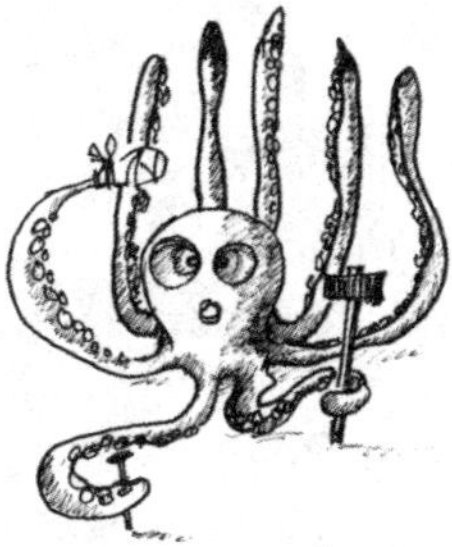

L'ANIMAL EST-IL DOUÉ DE SENSIBILITÉ ?

JE CROIS que tous les propriétaires de chats et de chiens répondent oui sans hésiter à cette question.

Ils savent que leur animal familier est capable de ressentir la douleur, sans parler du relationnel qu'ils établissent avec lui. La loi reconnaît d'ailleurs le caractère sensible de l'animal et ce depuis 1976 avec la loi dite de protection de la nature.

Mais si son article 9 expose que l'animal est un être sensible, il en réduit le champs d'application aux animaux ayant un propriétaire.

C'est ainsi que le chien serait un être sensible mais pas le renard, la chèvre serait un être sensible mais pas le bouquetin, la poule serait un animal sensible mais pas la mésange… sauf si ces animaux étaient domestiqués, car alors la grâce les toucherait et chacun deviendrait animal sensible.

On voit bien que cette distinction ne tient pas. Evidemment que les mammifères et les oiseaux sauvages sont aussi des êtres sensibles capables de ressentir la douleur et de réagir à cette douleur.

Des scientifiques ont d'ailleurs montré que des invertébrés tels les poulpes ressentaient eux aussi la douleur.

Notre droit doit donc évoluer à la lumière de ce que la science mais aussi le bon sens nous enseignent. A la ligue ROC, nous demandons donc la modification de la loi de 1976 pour que le caractère sensible concerne aussi l'animal sauvage. Au-delà, c'est la question du statut juridique de l'animal qui se pose. Rappelons que le droit distingue deux catégories, les biens qui sont sujets de droit et les choses qui ne le sont pas. Et l'animal est considéré comme une chose avec tous les objets inanimés. Peut-être est-il temps d'inventer une autre catégorie pour l'animal qu'il soit domestique ou sauvage. Car être capable de faire avancer la cause de l'animal, c'est montrer la particularité de l'humain, c'est faire avancer notre niveau de conscience et faire grandir notre humanité.

LA FRANCE PEUT-ELLE FAIRE QUELQUE CHOSE POUR LA PROTECTION DES MANCHOTS ?

La France a une grande responsabilité sur cette question. Les manchots vivent en Antarctique, c'est-à-dire au Pôle sud, et sur des îles de ces contrées du grand Sud. Or, la France est bien présente là-bas sur ce que l'on appelle les TAAF, les Terres Australes et Antarctiques Françaises.

Cela comprend la terre Adélie, partie du continent antarctique sous pavillon français, les archipels des Îles Kerguelen, Crozet et Saint Paul-Amsterdam.

Le continent antarctique est protégé par un statut international. La France a sous sa responsabilité une partie de la péninsule antarctique très riche en oiseaux de mer et notamment en colonies de manchots.

Mais les îles du Pacifique sud sont tout aussi importantes en terme de biodiversité. On y trouve des pinnipèdes, c'est-à-dire des phoques et autres éléphants de mer, des colonies d'oiseaux d'eau exceptionnelles. Sept espèces d'albatros sont présentes. L'albatros est le plus grand oiseau volant au monde. Il peut passer des années à survoler la mer, mais vient se reproduire sur terre.

La colonie de l'archipel du Crozet abrite soixante tonnes d'oiseaux au kilomètre carré ! Il ne faut évidemment pas oublier la richesse des eaux marines, poissons, crustacés dont le fameux krill, source essentielle de nourriture pour les baleines.

Cette richesse a conduit les pouvoirs publics à créer en 2006 la réserve naturelle des TAAF, mais il a fallu 30 ans d'engagement des scientifiques et des associations, dont la ligue ROC, pour l'obtenir.

Les scientifiques sont en effet très nombreux à travailler là-bas pour étudier cette riche biodiversité, mais aussi le climat, parfois en alliant les deux puisqu'un programme actuel utilise les éléphants de mer pour étudier les variations de la salinité et de la température de l'eau, en lien avec les changements climatiques.

Pierre Jouventin, l'un de ces scientifiques, raconte

avec enthousiasme, comment la faune sauvage qui n'a jamais connu de prédateurs terrestres se laisse approcher par l'homme : *"La faune est si peu farouche qu'on a l'impression en débarquant au milieu des animaux que l'on a découvert le paradis terrestre tel que la mythologie l'a décrit"*.

Les TAAF sont un exemple de la responsabilité internationale de la France en matière de biodiversité.

LA FRANCE PEUT-ELLE FAIRE QUELQUE CHOSE POUR PROTÉGER LA BIODIVERSITÉ TROPICALE ?

EVIDEMMENT OUI, elle est même le seul pays occidental directement responsable d'une partie de la forêt tropicale, en Guyane.

Ce département immense puisqu'il couvre l'équivalent de presque 15 % de la surface de la métropole abrite une biodiversité exceptionnelle.

La forêt tropicale guyanaise est l'une des dernières n'ayant pas été fragmentées par des aménagements, et par ailleurs la frange côtière avec ses mangroves, et autres marécages est également remarquable. On admire souvent la panthère africaine, et on oublie qu'il y a des jaguars sur le territoire français !

Quelques chiffres pour illustrer cette biodiversité. 80 espèces de poissons ont été répertoriées sur quelques centaines de mètres d'un affluent d'une des rivières traversant la forêt, soit plus que toutes les espèces peuplant la Seine et la Loire.

On recense 108 espèces d'amphibiens (la famille des grenouilles), 158 de reptiles, 718 d'oiseaux, plus de 100 chauves-souris dont 4 espèces découvertes ces dix dernières années. Car on découvre en effet chaque année des espèces nouvelles notamment de flore et d'insectes.

Mais cette richesse, malgré la présence d'un tout récent parc national et de réserves naturelles, est menacée. Menacée par une insuffisante réglementation environnementale – que ce soit en matière de chasse, d'espèces protégées, de codes forestiers – l'usage des pesticides, et surtout par l'exploitation minière.

On ouvre en Guyane, qui je le rappelle est un département et une région française, des mines dans des conditions que l'on envisagerait même pas dans la métropole. Des projets pharaoniques de mine d'or comme celui de Camp Caïman dans la montagne de Kaw ont menacé des sites exceptionnels et d'une biodiversité irremplaçable. D'autre part, l'orpaillage illégal, c'est-à-dire l'extraction de l'or dans les rivières, détruit, pollue et rend malades les habitants, là encore dans des conditions inimaginables en métropole.

Il faut ici citer le cas des Amérindiens qui vivent en forêt et dont sont bafoués les droits et la santé menacée.

La France est fière de sa fusée Ariane tirée de la base de Kourou, en Guyane. Il est temps d'agir pour qu'elle le soit aussi de sa manière de protéger les richesses naturelles et culturelles.

COMBIEN Y A-T-IL D'ESPÈCES CHASSÉES EN FRANCE ?

ON CHASSE en France 23 espèces de mammifères, et 66 espèces d'oiseaux.

On sait que l'on chasse le cerf, le sanglier, le chevreuil, le lapin et le lièvre, on sait moins que l'on chasse aussi le chamois, la marmotte, l'hermine, le renard…

Pour les oiseaux, la chasse des faisans, des perdrix, des oies et des canards est connue. Celle des grives, des merles, et des limicoles l'est moins. Les limicoles sont de petits échassiers, c'est-à-dire des oiseaux avec un grand bec et de longues pattes, qui vivent dans les zones humides ou au bord de la mer, tel les bécassines, les chevaliers, les barges et les bécasseaux.

Une enquête de 1999 menée par l'Office National de la Chasse et de la Faune Sauvage – c'est la dernière en date du genre – indique que le tableau de chasse des 39 espèces les plus chassées se monte à 30 millions d'animaux. Le pigeon ramier figure au premier rang, suivent les faisans, grives, lapins, perdrix et colverts.

Mais revenons au nombre d'espèces chassées, 66 espèces d'oiseaux alors que la moyenne européenne se situe autour de la vingtaine. Certains pays ont une liste avec moins de 10 espèces chassées comme la Belgique ou les Pays-bas. Précisons ici que ce n'est pas une histoire de taille de pays, tous les oiseaux qui sont chassés en France sont aussi présents chez nos voisins. Pour la bonne raison d'ailleurs que la majorité d'entre eux sont des migrateurs qui passent chez eux comme chez nous…

Et donc cela signifie que nous chassons des espèces que nos voisins européens ont décidé de protéger parce que les populations sont en déclin.

Les oiseaux migrateurs souffrent en effet de la disparition des zones humides et de la sécheresse en Afrique où ils passent l'hiver. Et si la chasse n'est pas la cause initiale de leur déclin, elle s'ajoute aux difficultés.

Il convient de mettre en place un moratoire sur la chasse de tous les oiseaux les plus menacés.

NE CUEILLEZ PAS
LES FLEURS
LAISSEZ-LES
VIVRE

A-T-ON RAISON DE PARLER D'ANIMAUX NUISIBLES ET DE MAUVAISES HERBES ?

LES MOTS sont importants. Les mots que nous utilisons influencent notre comportement. Par exemple, les mots "animaux nuisibles" ou "mauvaises herbes" nous donnent l'impression qu'ils sont vraiment nuisibles ou mauvais. Mais nuisibles pour qui ?

Pour nous. Nous nous mettons au centre de tout et nous décidons que nous sommes la norme. Alors, dès lors que nous adoptons ces termes, nous sommes prêts à éliminer ces animaux ou ces végétaux. A présent, nous changeons de point de vue sur ce problème. Je me souviens en Californie d'un jardin zoologique où auparavant était inscrit sur des panneaux : "Ne cueillez pas les fleurs, ne privez pas les autres du plaisir de les voir". Aujourd'hui, il y a écrit : "Ne cueillez pas les fleurs, laissez-les vivre". Nous avons changé d'attitude et concédons maintenant que chaque vie et chaque espèce a ses droits propres. Encore une fois, nous ne sommes qu'une espèce parmi d'autres.

Ce changement de mentalité nous permet de mieux intégrer le fait que nous sommes tous dépendants les uns des autres et que la perte d'une espèce est un affaiblissement de toute la vie sur Terre. Nous nous sommes aperçus que le fait d'avoir éliminé de grands prédateurs dans certaines régions cause aujourd'hui beaucoup plus de problèmes que cela a pu en résoudre par le passé.

Les chèvres par exemple, qui introduites volontairement sur des territoires donnés, sont extrêmement nuisibles pour toutes les autres espèces. De même les chevreuils au Québec, où les loups ont d'abord été éliminés, se sont multipliés à une telle vitesse, qu'il faut aujourd'hui agir même si c'est contre notre sensibilité.

Y A-T-IL ASSEZ DE PARCS NATIONAUX ?

Les parcs nationaux sont les outils de protection de la nature les plus adaptés. Ce concept est né aux Etats-Unis à la fin du XIXe siècle. Tout le monde a entendu parler du parc du Yellowstone, l'un des plus majestueux du pays. En France, la loi les créant date de 1960, elle a été modifiée en 2006.

En 2007, il existe 9 parcs nationaux dans l'hexagone : la Vanoise, les Ecrins, le Mercantour, les Cévennes, les Pyrénées, Port Cros, la Guadeloupe, la Réunion et le Parc Amazonien de Guyane. Les parcs nationaux sont des établissements publics ayant pour but la conservation de la nature mais aussi l'accueil du public et ils doivent par ailleurs contribuer au développement local.

Ces parcs ont largement favorisé la connaissance des écosystèmes, et nombre de nos concitoyens choisissent aujourd'hui leur lieu de vacances à proximité de ces sites pour pouvoir profiter de ces espaces préservés. Ils jouent évidemment un rôle fondamental dans la protection de la nature, que ce soit en termes de milieux, d'espèces de faune ou d'espèces de flore.

Mais la réussite de l'existant ne doit pas masquer les insuffisances. La France manque de parcs nationaux et si la loi de 2006 a permis la création de deux nouveaux parcs, en Guyane et à la Réunion, il ne s'en est créé qu'un seul entre 1979 et 2006 ! Surtout, si l'on regarde la localisation de ces parcs, on constate que sauf l'exception de l'île de Port Cros, ils sont pour la France métropolitaine situés en montagne. Certes ces lieux sont riches de biodiversité, mais il est des zones humides, des forêts de plaine qui le sont tout autant.

Par ailleurs, la responsabilité de la France est sans doute plus forte en zone atlantique qu'en zone alpine. Sans parler de la mer qui est la grande oubliée. Il n'existe en effet que le parc naturel marin de la mer d'Iroise. La réalité est donc que l'on a eu tendance à faire les parcs là où il n'y avait personne, car en France la protection de la nature passe depuis trop longtemps après tout le reste, et elle s'est construite par opportunités plutôt que par objectifs. Le Grenelle de l'environnement a pointé ces faiblesses et acté la création rapide d'au moins trois parcs nationaux. Vite au travail !

Calanques, forêt de Fontainebleau ou forêt d'Orléans, estuaires, zones humides… les endroits ne manquent pas.

LE CHÊNE A-T-IL BESOIN DU GEAI ?

LE GEAI est un magnifique oiseau de la famille des corvidés, c'est-à-dire qu'il est apparenté aux corbeaux, aux corneilles et aux pies. De la taille d'un petit pigeon, il est de couleur brune, tirant sur le rose, rehaussé de noir et de blanc et surtout orné de très belles plumes d'un bleu très pur sur les ailes. Il est plutôt forestier, de petits bois pouvant lui suffirent, et il s'adapte très bien aux parcs urbains. Il est plutôt commun en France mais les densités peuvent changer suivant les régions. Son régime alimentaire est varié, très majoritairement composé de graines et de fruits, mais aussi d'insectes, d'invertébrés et parfois de jeunes oiseaux. Je l'ai vu sur une terrasse de café proche d'un parc parisien attraper un jeune moineau commençant à voler !

Pourtant, son aliment de choix, c'est le gland qu'il

mange en quantité. Et le geai fait partie des animaux prévoyants, il se constitue des réserves de glands qu'il cache de-ci et de-là dans la forêt pour les périodes de disette. Mais il oublie beaucoup de ses cachettes. Alors les glands vont germer. Et de petits chênes vont pousser. Le geai contribue ainsi grandement à la régénération de la forêt.

Vous le voyez, le chêne a besoin du geai. N'oublions jamais que dans la nature tout est lié.

Le geai a d'ailleurs un autre rôle dans la forêt. On dit qu'il en est la sentinelle car il lance de grands cris rauques lorsqu'il est dérangé, lorsqu'il aperçoit un danger. Et les autres animaux connaissent ce cri qui signifie "attention danger". A tel point que l'on utilise des enregistrements de cris de geai pour effaroucher des oiseaux de zones agricoles sensibles ou disperser des dortoirs d'étourneaux indésirables.

Intéressant oiseau que le geai, non ? Mais alors pourquoi figure-t-il encore sur la liste des espèces nuisibles ? Encore un exemple du non sens de cette notion.

QU'EST-CE QUE LE "BILLARD PLANÉTAIRE" ?

C'EST EN EFFET une expression récente liée à la découverte au Pôle Sud de petits cailloux, de petites météorites dans la glace. Nous avons tout lieu de penser que ces météorites viennent de Mars. On peut les identifier grâce à ce que l'on appelle l'analyse isotopique qui prouve qu'il s'agit d'éléments qui ont la même composition que les roches sur Mars. Alors, comment expliquer que nous ayons des cailloux martiens sur la Terre ?

C'est la conséquence des collisions de météorites. Une météorite frappe Mars mais de manière assez rasante. Elle éjecte au passage des quantités de pierres qui peuvent partir dans le système solaire et se retrouver sur la Terre qui est plus proche du Soleil que Mars.

On a aussi trouvé des cailloux qui proviennent de la

Lune. Les scientifiques ont découvert qu'il y a en réalité des échanges entre les différentes planètes intérieures comme Mars, la Terre et son satellite la Lune et vraisemblablement Mercure et Vénus. C'est ce que l'on appelle le "billard planétaire". Les météorites jouent au billard avec les planètes intérieures.

Cela pose une question intéressante. Est-ce que la vie peut être transmise par ce moyen ?

Le problème est qu'un caillou que vous frappez est passablement chauffé, ensuite il se promène longtemps. Est-ce que la vie peut durer aussi longtemps ? Selon certaines observations, des bactéries entrent dans ce que l'on appelle une dormance. Elles peuvent dormir pendant des millions d'années avant de se réveiller, sur la Terre par exemple.

Autre question : serions-nous tous des martiens ? Il est possible en effet que la vie ne soit pas apparue sur la Terre au départ, mais sur Mars, et qu'elle se soit ensuite propagée par ces différentes méthodes. On peut aujourd'hui avancer ce genre de théories dans un congrès d'astrophysique sans recevoir trop de tomates pourries à la figure !

Y A-T-IL UN MAMMIFÈRE QUI EXISTE UNIQUEMENT EN FRANCE ?

On le dit, il est de la famille des taupes. C'est un mammifère aquatique, il niche dans un terrier creusé dans les berges des cours d'eau. Sa fourrure brune est dense et imperméable, ses pattes sont palmées. L'adulte mesure environ 24 à 25 cm, dont une bonne moitié pour sa queue ronde qui lui sert de gouvernail. Il pèse environ 75 grammes.

Il passe la majeure partie de son temps à chercher des insectes et des larves aquatiques qu'il pourchasse sous l'eau, revenant respirer régulièrement à la surface. On le surnomme rat trompette car pour trouver ses proies il se sert de son nez allongé comme d'une petite trompe, très sensible et préhensile. Un animal repéré avec le nez, il soulève alors cailloux et sable pour le saisir.

Adepte d'une eau très pure, la pollution des

rivières lui est fatale. Actuellement, il est exceptionnel de le rencontrer du fait de sa discrétion et de sa rareté. Protégé au niveau national, il n'est présent en France que dans les Pyrénées et se nomme donc Desman des Pyrénées. Il est inscrit sur la liste rouge des espèces menacées.

Pour répondre à la question initiale et contrairement à ce qui est souvent dit, il n'existe pas qu'en France, il est présent aussi bien sûr sur le versant espagnol des Pyrénées mais aussi dans le nord du Portugal. Il a par ailleurs un lointain cousin Russe présent dans les bassins du Don et de la Volga et deux à trois fois plus gros. Même s'il n'est pas unique, c'est un animal étonnant, entouré encore de beaucoup de mystères. Un programme de recherche transfrontalier est d'ailleurs en cours sur les territoires français, espagnol et andoran.

Il défraie moins la chronique que l'ours mais est lui aussi un joyau des Pyrénées.

FAUT-IL AVOIR PEUR DES REQUINS ?

JE NE CROIS PAS. Attention en disant cela, je ne nie pas que chaque année des accidents se produisent notamment sur des surfeurs. Mais si nous les comparons au nombre d'accidents mortels par morsure de chiens, les plus dangereux ne sont pas ceux que l'on croit.

Je pense au contraire qu'il faut réhabiliter le requin, ou plutôt les requins car il en existe des centaines d'espèces ayant évolué depuis 400 millions d'années. Du requin baleine de 18 mètres au petit requin nain de 20 centimètres, du requin pèlerin mangeur de plancton au requin blanc super prédateur, la variété des espèces et des familles est grande.

Mais ce qui est sûr, c'est que les requins jouent un rôle fondamental dans le fonctionnement de l'écosystème marin. On sait l'importance de la prédation dans la nature, et les requins sont une pièce essentielle de la prédation marine. Or, ils sont en danger. Les populations s'effondrent et de nombreuses espèces figurent sur la liste rouge des espèces menacées de l'UICN, l'union mondiale pour la nature.

Pollution, atteinte aux milieux, mais surtout la pêche, expliquent ce déclin.

Car les requins sont pêchés, de façon volontaire pour de nombreuses espèces, mais aussi en tant que prise accessoire lors de la pêche d'autres espèces. En 2005, on a pêché plus de 700.000 tonnes de requins, et l'Union européenne vient en seconde position dans ces prises. Chiffre qui est sous-évalué car tout n'est pas comptabilisé. Savez-vous que lorsque nos enfants à la cantine mangent de la saumonette, ils mangent du requin ? Idem pour le siki ou la roussette.

Savez-vous que des milliers de requins pêchés ne servent qu'à une chose : on coupe leur aileron pour fabriquer la soupe dite aux ailerons de requins, puis ils sont rejetés en mer, mutilés et donc condamnés à mourir dans une très longue agonie. Avec Shark

Alliance, dont la ligue ROC est membre, nous demandons à l'Europe de mettre en place un plan d'action en faveur des requins.

On se mobilise pour les dauphins, les tortues de mer, n'oublions pas les requins.

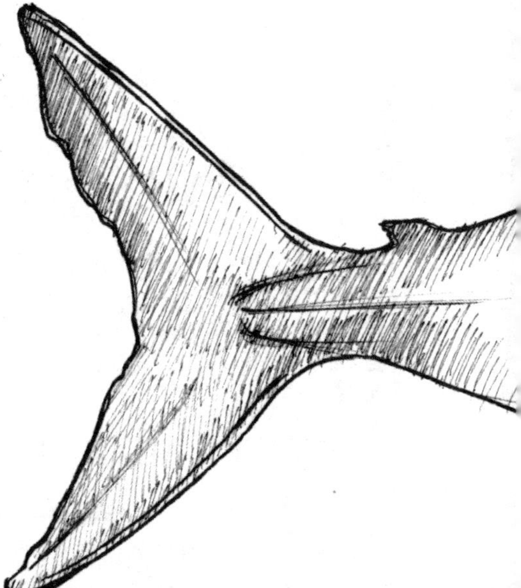

EXISTE-IL DES TORTUES SAUVAGES EN FRANCE ?

OUI, et on pense de suite aux tortues marines, ou à celles qui sont présentes dans les collectivités d'Outre-mer. Mais il existe aussi des tortues sauvages terrestres en France métropolitaine.

La première est une tortue d'eau douce, la cistude d'Europe qui vit dans les étangs, marais, rivières à débit lent.

Les bastions de cette espèce sont la Brenne et l'Aquitaine, mais elle est également présente en Provence et en Rhône-Alpes. Elle dépasse rarement 20 centimètres, sa carapace est assez plate et elle se nourrit d'insectes, mollusques, vers, cadavres de poissons. Ces populations déclinent en raison de la destruction des zones humides, de la pollution des eaux, du prélèvement d'individus dans la nature et par la concurrence d'espèces introduites par l'homme, comme la tortue de Floride que des particuliers ont achetée pour leur aquarium mais dont ils se débarrassent parce qu'elles grandissent. Une fois dans la nature, ces tortues concurrencent la cistude et font baisser ses effectifs.

L'autre tortue sauvage présente en France est la tortue d'Hermann, tortue vraiment terrestre cette fois et qui ressemble à la tortue de *Boule et Bill.* Elle est sauvage et extrêmement menacée. Elle ne subsiste plus qu'en Corse et dans le Var, alors qu'elle était il y a peu encore présente en Languedoc-Roussillon et dans les autres départements de Provence.

Son statut est vraiment très précaire et sans action forte, elle disparaîtra. Elle souffre de l'aménagement du territoire qui fait disparaître ses milieux, et elle est menacée de son dernier bastion, en plaine des Maures, par un projet de ligne TGV. Elle pâtit également des incendies mais aussi des travaux de remise en état après incendie, voire des travaux de déforestation. Trop d'individus disparaissent sous les roues des engins. Elle souffre enfin de l'hybridation qui se fait avec des tortues domestiques relâchées en pleine nature.

Le maintien de la population de ces deux espèces dépend bien sûr de la mise en place de plans de restauration par les pouvoirs publics mais aussi directement des citoyens. Si vous les croisez, ne les capturez pas et si vous ne voulez plus de votre tortue domestique, ne la relâchez pas dans la nature.

Ne laissons pas disparaître nos tortues sauvages fruits de millions d'années d'évolution.

EN MATIÈRE D'ÉNERGIE RENOUVELABLE, LES ÉOLIENNES VONT-ELLES SUFFIRE ?

DANS CE DOMAINE, il y a de bonnes nouvelles. Dans plusieurs pays et en Angleterre en particulier, il y a des projets colossaux pour entourer le territoire d'énormes éoliennes de 300 mètres de haut qui produisent des quantités d'énergie incroyables.

Ce qui est intéressant est que, depuis quelques années, on nous dit que les éoliennes, les énergies renouvelables ne peuvent être que des techniques d'appoints aux autres (le charbon, le pétrole et le gaz naturel et encore pour un moment le nucléaire). Ceci semble de moins en moins vrai. Notons qu'un pays comme l'Angleterre prévoit la production de son énergie à hauteur de 30 ou 40 % par les éoliennes, cela remet en doute cette idée. La réalité de cette nécessité de produire de l'énergie renouvelable est confortée par la hausse du prix du pétrole. Je pense qu'il n'est pas du tout exclu que dans quelques dizaines d'années, au rythme où vont les choses, nous envisagions les énergies renouvelables comme la principale source d'énergie et c'est une bonne nouvelle.

Pourtant, beaucoup manifestent leur mécontentement face à un certain désordre dans le paysage. Les éoliennes seraient en effet mieux en mer. Il faut néanmoins être bien conscients que nous avons besoin d'énergie avec de moindres désagréments : avec les sources de pétrole qui s'épuisent, une émission de gaz trop élevée et tous les problèmes liés au nucléaire, ce sont assurément les énergies renouvelables qui sont le plus appropriées.

LE TRÈFLE A-T-IL BESOIN DU BOURDON ?

OUI, et donc l'agriculteur aussi, comme le montre cette histoire que m'a relatée Jean Claude Lefeuvre, un grand monsieur de l'écologie.

Le trèfle est essentiellement pollinisé par les abeilles et les bourdons. Et les scientifiques ont montré que le bourdon est pour cette espèce végétale le meilleur pollinisateur : les ouvrières de bourdon à longue langue sont ainsi 2,5 fois plus efficaces et celles à trompe courte 1,5 fois plus efficaces que les abeilles.

Dans les années 70, dans le Val d'Authion, on a constaté une baisse de la production de graines de trèfles. Ces baisses se faisaient dans les parcelles ayant subies le remembrement, c'est-à-dire qu'on avait arraché les haies et talus bordant les champs.

Or, les reines de bourdons ne peuvent hiverner

dans les labours de terre nue des champs cultivés, elles le font donc sur les talus des haies, sous la mousse, dans les arbres creux. Au début du printemps, elles se nourrissent du nectar des fleurs sauvages poussant dans la haie. Si vous supprimez la haie, vous supprimez donc le bourdon. C'est ainsi que dans les zones remembrées, la densité de bourdons est tombée à moins de 20 par 100 m^2 alors que dans les zones ayant gardé les haies, elle peut être de plus de 40. Conséquence, la pollinisation se fait moins bien et la production de graines chute à 200 kg/ha alors qu'elle peut atteindre 1.000 kg/ha lorsque la densité de bourdons est optimale.

Cela avait d'ailleurs été observé en Angleterre dès 1962. Une étude avait montré qu'un champ entouré de forêt pouvait produire dans les 760 kg/ha alors qu'en zone d'*openfield*, c'est-à-dire de champs sans haies, les rendements étaient de 125 kg/ha.

Oui le trèfle a besoin du bourdon, et l'agriculteur de la haie.

Mais l'histoire n'est pas finie. Une nouvelle variété de trèfle a été utilisée, ayant des feuilles plus longues car elle produisait plus de biomasse. Sauf que sa corolle aussi était plus allongée, si bien qu'il n'est restée qu'une espèce de bourdon ayant la trompe assez longue pour butiner cette fleur… et comme si cela ne suffisait pas, les bourdons à trompe courte, bien embêtés de ne plus accéder au nectar, ont développé une adaptation particulière : pour accéder au nectar, ils se sont mis à percer la base des fleurs. D'auxiliaire des cultures, ces bourdons sont devenus ravageurs et le trèfle miracle a vu sa production tombé à 80 kg/ha.

Suppression de haie ou "amélioration" des espèces, dans les deux cas, les agronomes avaient oublié que les espèces sont en interrelation.

La biodiversité est comme un jeu de mikado, j'enlève une tige, puis une autre… encore une, je me sens sûr de moi, mais mince, le jeu s'est écroulé !

LE CLIMAT SUR TERRE, C'ÉTAIT COMMENT AVANT DANS LE PASSÉ ?

NOUS AVONS maintenant de bonnes données scientifiques sur le passé de la Terre et sur les variations de température et de gaz carbonique. On s'aperçoit que sur la Terre il y a régulièrement, à peu près tous les 100.000 ans, une période glacière suivie d'une période plus chaude. Ces cycles ont lieu depuis au moins un million d'années.

Les variations de température à la surface de la Terre sont un phénomène régulier. Alors à quoi est-il dû ?

La raison en est que la Terre a une orbite pas tout à fait circulaire, de sorte que par moment elle est un peu plus loin du Soleil, et par moment un peu plus rapprochée. La quantité de lumière solaire qu'elle reçoit varie mais sur de très longues périodes, entre 40.000 et 50.000 ans. Nous pensons que c'est précisément la cause des phénomènes de grande glaciation. Il y a 10.000 ans, la température sur la Terre était d'au moins cinq degrés inférieure à ce qu'elle est aujourd'hui. Ce qui a eu pour effet une glaciation, il y avait de la glace dans toute l'Europe du Nord, elle descendait jusqu'en Espagne et en Amérique du Nord.

C'est donc un phénomène régulier qui se produisait bien avant l'arrivée des êtres humains. Il y a eu des variations plus brusques dans des périodes de volcanisme qui ont augmenté la température. On sait par exemple qu'au temps des dinosaures, la température était de 10° C plus élevée qu'aujourd'hui. Nous avons donc une alternance des périodes chaudes et froides. Nous pourrions donc nous demander si le réchauffement que nous connaissons aujourd'hui n'est pas un phénomène naturel. En réalité, nous avons maintenant toutes raisons de penser qu'au-delà du réchauffement naturel, l'activité humaine a renforcé ce phénomène, ce qui a considérablement accru la température à la surface de la Terre.

LE RENARD PEUT-IL NOUS TRANSMETTRE DES MALADIES ?

LA PRESSE se fait souvent l'écho de l'existence d'une maladie que pourrait transmettre le renard et qui menacerait, je caricature à peine, tous les promeneurs. Cette maladie est l'échinococcose alvéolaire. L'échinocoque est un ténia, c'est-à-dire un ver qui peut parasiter l'intestin du renard mais aussi celui du chien ou du chat. Ces animaux sont porteurs sans subir de troubles particuliers.

Au contraire, si un parasite arrive dans l'intestin d'un être humain, il finira par provoquer une tumeur grave, pouvant être mortelle à terme si elle n'est pas traitée à temps.

La question est donc une vraie question, mais il faut raison garder : d'abord, avoir en tête que tous les renards ne sont pas atteints, avoir en tête que le nombre de cas humains annuels est très limité, une dizaine de nouveaux cas par an, et en général l'issue n'est pas fatale.

Ensuite quelques mesures de bon sens s'imposent :

- Vermifuger son chien comme son chat sous le contrôle d'un vétérinaire.

- Si un renard vit près de chez vous, pas de panique, mais évitez de le nourrir et il ne s'approchera pas de votre maison. Clôturez votre potager, il ne viendra pas y déféquer.

- En promenade dans les zones où la maladie est présente (dans l'est de la France et le Massif central principalement), si vous cueillez des fruits sauvages, prenez-les plutôt en hauteur, et mangez-les cuits, les œufs du parasite sont détruits par la chaleur.

- N'oubliez pas les règles d'hygiène élémentaire comme se laver les mains après avoir touché la terre.

Vous le voyez, en effet, l'échinococcose est une maladie grave qui peut nous être transmise par le renard, mais c'est aussi une maladie rare et une maladie transmissible par nos chiens et nos chats.

La solution n'est pas dans le tir systématique des renards comme certains le proposent. D'ailleurs, personne ne propose le tir des chiens et des chats, pourtant la contamination se faisant par contact, le risque est plus élevé avec ces animaux domestiques car vous reconnaîtrez avec moi, qu'il est plus courant de caresser ou de se faire lécher par un chat ou un chien que par un renard.

La solution, on l'a vue, réside dans des règles de bon sens toutes simples. Peut-être un jour dans un vaccin. Je rappelle ici que la rage a été éradiquée de notre pays lorsque l'on a vacciné, par voie orale, dans des appâts, les renards, alors que des années de tirs systématiques de ces animaux n'avaient rien changé au problème.

Une fois de plus préférons le “Vivre avec et non contre la faune sauvage” !

QU'EST-CE QUE LA BROMADIOLONE ?

C'EST UN ANTI-COAGULANT que l'on utilise avec d'autres produits du même type pour tuer des rongeurs que l'on juge indésirables. Ces anti-coagulants sont utilisés en ville lors de campagnes de dératisation, mais aussi à l'extérieur, dans la nature, pour lutter par exemple contre le ragondin et le rat musqué ou contre les campagnols terrestres.

Dans le cas du ragondin, on dépose des carottes empoisonnées sur des radeaux au milieu des rivières, pour les campagnols, on dépose des grains de blé enrobés de la substance. Dans tous les cas l'animal qui ingère l'appât meurt par hémorragie interne. Mort douloureuse s'il en est.

Par ailleurs, l'usage de ces produits à l'extérieur, pose de gros problèmes à la faune voire des problèmes de santé publique. En effet, les animaux affaiblis ou venant de mourir vont être mangés par des prédateurs qui eux-mêmes vont s'empoisonner en concentrant petit à petit le poison.

Lors de campagnes menées dans le Jura contre les campagnols, on a noté la mort en nombre de rapaces, de renards et autres fouines.

Dans le cas des ragondins, l'impact sur le vison est réel, et des analyses ont montré que les écrevisses s'empoisonnaient ce qui, on l'imagine, n'est pas très bon pour les pêcheurs qui les mangent. Par ailleurs, des espèces non ciblées ont pu ingérer le poison, ce fut le cas avec des chevreuils et même des animaux domestiques.

Les associations ayant tiré la sonnette d'alarme et mené des actions en justice, l'utilisation de ces produits est maintenant mieux encadrée. Dans le cas des ragondins, l'usage se limite à une demi-douzaine de départements et devrait être interdit en 2009. Un vrai progrès, malheureusement trop lent, surtout pour un animal dont les dégâts sont souvent exagérés et pour lequel les méthodes alternatives, tel le piégeage par cage-piège, sont plutôt plus efficaces et moins nocives.

Dans le cas du campagnol, les conditions d'usage imposées ont permis de réduire l'impact sur la faune non ciblée. Cela étant, si les campagnols causent autant de dégâts aux prairies qu'ils retournent, la cause en est dans des pratiques culturales trop intensives. Nous savons que si nous alternons prairies et labours, que si nous laissons des haies abritant des prédateurs, nous limiterons les pullulations des rongeurs et l'usage du poison ne sera plus nécessaire, le piégeage pouvant suffire.

Alors, sortons de l'usage du poison pour lutter contre les dégâts des rongeurs.

24 K
K
24 K

L'EXPLOITATION DE L'OR PEUT-ELLE CAUSER LA PERTE DE LA GUYANE ?

LA GUYANE, département français abritant l'un des massifs de forêt tropicale parmi les mieux conservés, est malade de l'or.

Scandale dans l'exploitation minière tout d'abord : en effet, les conditions de délivrance des permis d'exploiter et les conditions même d'exploitation sont indignes d'un pays comme le nôtre. Si cela se passait ainsi en métropole, le scandale serait tel qu'il ne perdurerait pas.

Scandale du projet Camp Caïman dans la montagne de Kaw. La montagne de Kaw est un milieu naturel à la biodiversité exceptionnelle en forêt tropicale, avec la présence d'espèces importantes comme le caïman noir, le coq de roche, et des milieux naturels particuliers dus à des affleurements rocheux. Un projet de mine d'or, dit

Camp Caïman, le menace. Pourtant, le travail des associations, les enquêtes, ont montré la destruction irréversible des milieux concernés. Nous ne savons pas refaire de la forêt vierge après exploitation. Elles ont aussi souligné les dangers de pollution dans une zone comprenant de nombreuses rivières alimentées par un régime de pluies tropicales violentes. Elles ont prouvé que les retombées économiques et en terme d'emploi étaient loin de compenser la destruction. Elles ont enfin rappelé que les conditions de vie des Amérindiens seraient bouleversées.

Troisième aspect de cette maladie de l'or : l'orpaillage illégal. Il s'agit d'une exploitation des filons dans les rivières, par des moyens particulièrement destructeurs et polluant. Le mercure utilisé contamine en effet l'ensemble des chaînes alimentaires et au final les habitants qui se nourrissent de poissons. On a relevé des taux de mercure deux fois supérieur au taux admis par l'Organisation Mondiale de la Santé et on a mis en évidence le taux anormal d'enfants handicapés. Ajoutons qu'un responsable de la gendarmerie a indiqué qu'il y avait l'épaisseur d'un papier à cigarette entre l'orpaillage légal et illégal.

L'O.N.F. a publié des cartes qui indiquent la façon dont les zones exploitées pour l'or se multiplient depuis 1990, rongeant la forêt tropicale comme une gangrène.

Alors que faire ? Les pouvoirs publics doivent déjà mettre en place et faire respecter une réglementation minière équivalente à ce qui se pratique en métropole. Ils doivent engager une lutte volontaire contre l'orpaillage illégal, mais on sait que ce sera difficile car cette pratique repose sur la misère d'immigrés clandestins fuyant des conditions de vie précaires.

C'est pourquoi certains responsables politiques locaux prônent un arrêt de l'exploitation de l'or.

N'est-il pas temps pour la Guyane de choisir l'or vert plutôt que l'or jaune ?

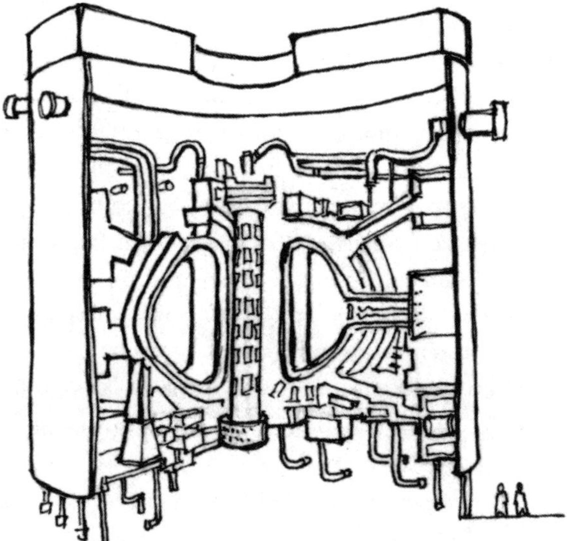

QUELLES SONT LES PERSPECTIVES DE LA FUSION NUCLÉAIRE ?

POUR L'AVENIR de l'énergie, nous pensons évidemment au Soleil. Il y a en son cœur des réactions thermonucléaires qui transforment de l'hydrogène en hélium et c'est la source d'énergie de cette étoile.

Nous sommes déjà coutumiers de cette énergie avec les bombes à hydrogène, évidemment dans un but tout autre... L'idée de cette réponse énergétique est d'avoir un débit d'énergie qui puisse être utilisé de façon industrielle. Il y a beaucoup d'efforts qui se font aujourd'hui, en particulier le projet français ITER dont le concept est de transformer des isotopes de l'hydrogène, des hydrogènes lourds comme le deutérium et le tritium, et ainsi produire des réactions thermonucléaires. Nous l'avons aussi déjà fait. Mais le problème est qu'elles ne durent pas longtemps. Nous avons fait des progrès mais sommes encore loin d'avoir atteint ce qu'on appelle le seuil de rentabilité. Le seuil de rentabilité signifie que l'on extraie plus d'énergie que l'on en injecte. Des projets comme ITER ont précisément ce but.

Le problème que pose ITER et sa filière, est qu'il utilise un élément qui s'appelle le lithium, un élément rare, aussi rare que l'uranium. On se retrouve donc devant une source d'énergie qui n'est pas pérenne. Nous recherchons une source d'énergie pour des millions, des milliards d'années et pas pour des siècles. Il faut viser à très long terme.

Il y a une seconde source, le deutérium. Il y en a en grande quantité dans l'Océan. Le problème est d'aller le chercher et surtout d'atteindre les températures requises pour les réactions. Cela sera beaucoup plus difficile que ITER mais les progrès sont tout de même très encourageants.

LES ONGULÉS SONT-ILS UNE MENACE POUR NOS FORÊTS ?

LORSQUE l'on pense à la faune de la France métropolitaine, on met souvent en avant la beauté des oiseaux ou l'on rend hommage aux prestigieux lynx et ours. Et on oublie les ongulés de nos forêts que sont le cerf, le sanglier et le chevreuil. Ils sont trop souvent considérés uniquement comme du gibier à tirer absolument car ils abîmeraient la forêt. Qu'en est-il ?

Cerfs et chevreuils peuvent se nourrir des bourgeons de jeunes pousses. Le cerf écorce parfois des arbres, et tous, mais surtout le sanglier, peuvent aller se nourrir dans les cultures. Rappelons ici que les lâchers de sangliers croisés avec des cochons domestiques ont introduit dans nos forêts des animaux plus prolifiques et grands amateurs de maïs. Rappelons aussi que le nourrissage hivernal pour la chasse réduit le nombre d'animaux mourant en période de disette, ce qui peut entraîner localement un surnombre d'individus.

Avant d'accuser les sangliers de tous les maux, il est donc important de chercher où sont les responsabilités. Il n'est évidemment pas question de nier les problèmes que peuvent poser ces espèces notamment à de jeunes plantations, mais il faut objectivement regarder la réalité des dégâts. Or, ils sont souvent exagérés, et il faut d'autre part analyser les causes de ces dégâts. On l'a vu pour le cas du sanglier dans les cultures, mais cela vaut pour la gestion forestière, il suffit souvent de laisser en place des espèces herbacées et de jeunes pousses ayant germées seules, pour que la biche ou le chevreuil ne s'attaquent pas aux plantations. En réalité, les dégâts sont souvent accentués par des pratiques sylvicoles trop intensives, et une gestion plus naturelle réduit au contraire l'impact des dégâts. Par ailleurs, les moyens de prévention, clôtures et répulsifs sont efficaces. Enfin, laissons dans nos forêts des zones de tranquillité à ces animaux car moins dérangés, ils sont moins stressés et donc moins enclins à écorcer les arbres.

N'oublions pas que ces espèces participent du fonctionnement de l'écosystème forestier. N'oublions pas qu'elles sont aussi des espèces parmi les plus faciles à observer, leur présence enrichit nos massifs et accentue leur rôle récréatif.

Pour les ongulés, comme pour les prédateurs, vivre avec et non contre la faune sauvage.

Terre, planète bleue
où, à chaque
printemps, le soleil
ramène les fleurs
dans les sous-bois
obscurs.

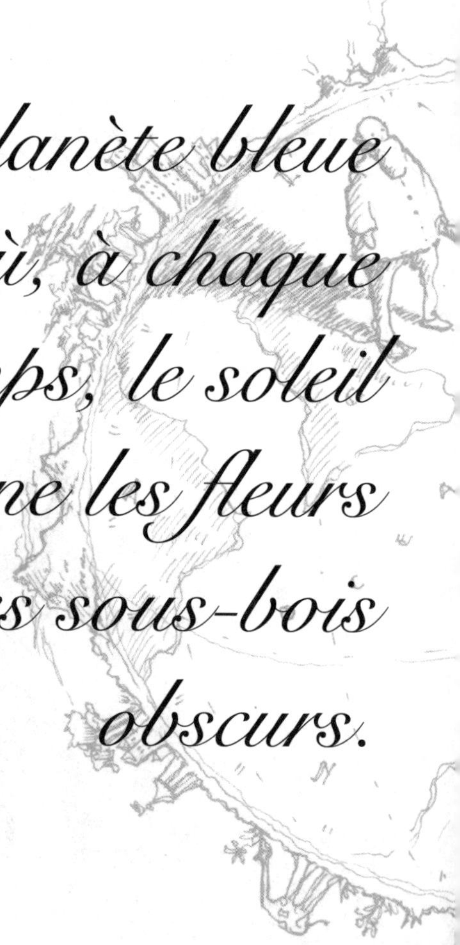

Terre, planète bleue
où des astronomes
exaltés capturent
la lumière des étoiles
aux confins de
l'espace.

$y(t) = \frac{z(t)}{2+0^2} + \{41+34\}$
$= \text{concombre}^2$

QUELLE EST LA FRONTIÈRE ENTRE INTELLIGENCE HUMAINE ET INTELLIGENCE ANIMALE ?

CHARLES DARWIN écrivait en 1871 : "La différence d'intelligence entre les hommes et les animaux les plus évolués, aussi grande soit-elle, est une différence de degré et non de nature".

Osé pour l'époque, mais n'oublions pas que Darwin est à l'origine de la théorie de l'évolution qui montre la parenté entre tous les êtres vivants. De fait, régulièrement, de nouveaux résultats de recherches et d'études sur le comportement animal réduisent la frontière entre nos capacités et celles des animaux.

Ainsi, nous avons découvert que de nombreux animaux concevaient et utilisaient des outils ; des corbeaux sont capables de concevoir à partir de brindilles des hameçons pour attraper des chenilles ; les castors construisent des barrages qu'ils entretiennent pour se faire un habitat sur mesure ; les exemples d'outils utilisés par les singes sont nombreux et leur capacité d'apprentissage également.

Des expériences de reconnaissance de soi ont été réalisées avec succès sur des singes, des dauphins, des orques.

On a mis en évidence un comportement altruiste chez des chimpanzés, et des expériences ont montré que les singes capucins étaient sensibles à l'injustice. En effet, récompensés par une tranche de concombre pour une tâche à accomplir, les capucins se mettent en colère et arrêtent toute coopération lorsqu'ils voient que des congénères sont, pour la même tâche, récompensés avec des grains de raisins, bien meilleurs !

Ces singes, dans la nature, chassent de gros écureuils et pour ce faire, ont besoin de coopérer. Ils partagent ensuite la proie, c'est sans doute cette coopération qui a conduit à l'émergence de la notion d'équité, chacun devant bénéficier à part égale de la proie attrapée.

Darwin avait vu juste, tout est affaire de degré, pas de nature. Les conséquences à en tirer sont importantes. Si la perception morale qu'a notre société de l'animal, a dépassé le stade de l'animal-machine de Descartes, notre droit n'en a pas tiré toutes les conséquences en considérant l'animal de la même manière que les objets inanimés. Il est temps de remédier à cela.

Ce progrès pour l'animal sera un progrès pour notre humanité.

À QUOI A SERVI LE GRENELLE DE L'ENVIRONNEMENT ?

RAPPELONS d'abord que la décision d'organiser un Grenelle de l'Environnement a été obtenue par les associations de protection de la nature et de l'environnement pendant la campagne des présidentielles.

En 1968, les accords de Grenelle en pleine crise sociale ont profondément modifié la donne. L'idée que sous-tend le Grenelle de l'environnement est bien de profondément modifier la donne environnementale, alors que nous vivons une crise écologique profonde qui se traduit notamment par des dérèglements climatiques et une perte énorme de biodiversité.

Lancé en juin 2007, il a réuni tout l'été, en groupes de travail thématique, les différents acteurs de la société : associations, syndicats de salariés, patronat, élus locaux et nationaux, agriculteurs.

En octobre 2007, les tables rondes finales ont arrêté les décisions du Grenelle en matière d'énergie, de transports, de biodiversité, d'agriculture, d'habitats... La liste est longue et ne peut être citée de manière exhaustive.

Quel bilan tirer de tout cela ?

Le niveau des mesures est variable selon les thèmes : il y a du très bon, du bon, du moins bon et du mauvais. Au-delà des mesures prises une à une, on peut tirer quelques enseignements généraux. Contrairement à d'autres conférences ou assises déjà organisées dans le passé, le Grenelle a débouché sur des mesures concrètes, et un engagement politique du pouvoir en place. L'environnement est cette fois durablement installé comme sujet médiatique, comme sujet électoral, et comme préoccupation de nos concitoyens.

Alors tout est réglé ? Evidemment pas et il serait naïf de le croire. Au contraire, tout commence. D'abord parce que les sujets sont complexes, et les changements à mener pas toujours faciles à mettre en place. Par ailleurs, les lobbys qui prônent l'immobilisme sont toujours présents.

Mais le Grenelle a fait progresser la société, qui a majoritairement compris et a envie de changer les choses. Il a fait progresser l'idée de démocratie, la société civile apportant sa pierre au travail de la démocratie représentative.

Il y a un avant et un après Grenelle, pour notre bénéfice à tous.

EN QUOI LES ZONES HUMIDES SONT-ELLES DES RÉSERVOIRS DE BIODIVERSITÉ INDISPENSABLES ?

ON DÉFINIT généralement les zones humides comme des régions dans lesquelles il y a une présence d'eau à moins de six mètres de hauteur. C'est un peu arbitraire, mais la distinction se fait ainsi entre les lacs et les zones humides, c'est-à-dire les marécages.

Aujourd'hui nous sommes en train de détruire ces zones humides à une vitesse alarmante : plus de la moitié de ces territoires sur Terre et l'on continue pour les besoins de l'urbanisation, la construction des autoroutes, etc.

On constate aussi à présent – cela fait partie des développements de la science –, l'importance de ces zones humides pour nous. D'abord, une zone humide est un peu comme une éponge qui prend l'eau de la pluie et la retient pour pouvoir la restituer pendant des périodes plus sèches. On constate aussi que les zones humides permettent à l'eau de s'infiltrer dans le sol et de rejoindre les nappes phréatiques pour augmenter leur volume. On parle de ruissellement et d'infiltration. L'eau peut ruisseler en surface ou bien s'infiltrer dans ces nappes phréatiques. Aujourd'hui, on a de plus en plus de ruissellement et de moins en moins d'infiltration, justement parce qu'on a produit des surfaces bétonnées, responsables par exemple des grandes inondations.

Il y a aussi une flore et une faune tout à fait particulière, de nombreuses espèces végétales ne vivent que dans ces zones humides, comme beaucoup oiseaux. C'est également un lieu où les migrateurs peuvent s'arrêter, faire des haltes indispensables pour préparer leurs voyages.

Les zones humides jouent donc un rôle fondamental et il faut absolument les préserver.

QU'ENTENDEZ-VOUS PAR PARTAGE DE L'ESPACE ?

La fin du XXe siècle a vu nos concitoyens pratiquer de plus en plus de loisirs dits de pleine nature. De la promenade à la randonnée pédestre, équestre, en passant par le vélo, le canoë, la pratique de la photo, la découverte de la nature et bien d'autres. La fin du XXe siècle c'était hier, et nous commencons seulement à appréhender l'ensemble des conséquences de ce phénomène.

Conséquences sur le milieu naturel et les espèces bien sûr. On a pris en compte cet aspect dans l'hypothèse de l'escalade, ou de la photo par exemple, mais plusieurs cas restent à améliorer, comme le canoë et surtout la circulation des engins à moteur. Il faut en ce domaine également développer la sensibilisation.

Mais ces activités multiples et le nombre de personnes qui les pratiquent ont aussi des conséquences sociales. Comment pratiquer sans gêner les autres ? C'est ce que l'on appelle le partage de l'espace.

Ainsi, nous avons réglementé l'usage du scooter des mers sur le bord de mer suite aux accidents survenus. Il reste cependant des choses à améliorer, par exemple entre chemins de VTT et chemins pédestres, mais aussi dans le cas de la pratique de la chasse, et ce notamment dans les zones de forêt et de campagne péri-urbaines.

La chasse est une activité de loisir, qui s'est longtemps pratiquée dans des espaces où les chasseurs croisaient peu de monde. Cette situation a changé avec l'apparition des sports de pleine nature et tout simplement avec le goût de plus en plus prononcé de nos concitoyens pour les promenades dans les espaces ruraux. Si bien que la réglementation régissant la chasse se trouve en décalage avec la réalité du terrain.

La chasse est en effet une activité qui, parce qu'elle se pratique avec une arme et des chiens, est potentiellement dangereuse. Elle est en tout cas source de stress et de bruit pour les autres usagers.

Il faut donc améliorer l'existant. Cela doit passer par l'instauration d'un périmètre de quiétude sans chasse autour des habitations, car la chasse pratiquée à proximité des riverains est une vraie gêne. Il faut mettre en place des moments sans chasse le week-end notamment sur les terrains publics.

La liberté des uns s'arrête où commence celle des autres.

PARMI LES DIFFÉRENTES POLLUTIONS, IL Y A LA POLLUTION LUMINEUSE. QUELLES CONSÉQUENCES A-T-ELLE ?

NOS ÉCLAIRAGES urbains ont pour effet de rendre la nuit beaucoup plus claire et cela produit des effets très négatifs. Aujourd'hui, l'éclairage de la ville de Toulouse est tel que de nombreuses observations possibles à une époque depuis le Pic du Midi, ne le sont plus à présent.

Les ornithologues se sont aussi rendu compte que cette luminosité dérange aussi énormément le parcours des oiseaux migrateurs qui sont éblouis par les lumières des villes.

En outre, certaines plantes ont véritablement besoin de l'alternance jour-nuit.

Mais l'un des effets le plus perturbant à mon sens, pour chacun de nous, c'est de voir le plaisir de belles nuits étoilées s'amoindrir avec ces lumières parasites. Aujourd'hui, il faut aller très loin en mer ou dans le désert pour découvrir ce que nos ancêtres connaissaient très bien, l'émotion de voir la voûte étoilée, la voie lactée.

Je me souviens avoir parlé un jour de la lumière zodiacale, un phénomène dont beaucoup ne connaissent pas l'existence. C'est une lumière visible à la tombée de la nuit à certaines périodes, qui vient du fait qu'il y a autour du Soleil un cercle de poussière qui réfléchit la lumière de notre étoile. Il est presque impossible aujourd'hui de voir cette lumière zodiacale. Je ne l'ai vue qu'une fois dans le désert.

Mais le vrai problème est qu'il ne sert fondamentalement à rien d'éclairer la nuit. Nous émettons à ce moment-là pour éclairer, l'énergie correspondante à plusieurs réacteurs nucléaires. Nous avons de belles photos prises par des satellites qui montrent que notre planète émet de l'énergie dans l'espace et c'est une perte de temps, d'argent et de réserves énergétiques.

RIEN NE SE PERD, RIEN NE SE CRÉE, TOUT SE TRANSFORME. EST-CE VRAI ?

PARTICULIÈREMENT vrai sur la Terre. Notre planète, comme tous les astres, est faite d'atomes et ces atomes forment des molécules. Ces molécules ont évidemment une histoire car elles sont impliquées dans les phénomènes de la vie. Nous sommes nous-mêmes fabriqués d'atomes et de molécules, et quand nous mourons, ces molécules retournent dans l'humus ou dans le sol et sont recyclées pour devenir autre chose. Dans un cimetière, si vous regardez les fleurs sur les tombes, il est vraisemblable que ces fleurs contiennent des atomes qui ont appartenu aux corps de gens défunts depuis longtemps.

Ce recyclage est un phénomène très important. Sur la Terre, nous avons continuellement ce phénomène de recyclage entre les arbres, les animaux. Les atomes se conservent, passent des étapes différentes.

Ils ont eu une influence très importante dans la constitution de notre atmosphère d'oxygène. A la naissance de la Terre, il n'y avait pas d'atmosphère d'oxygène, mais une atmosphère de gaz carbonique. Les phénomènes vitaux, la respiration du plancton, ont transformé l'atmosphère au point de nous la rendre respirable et l'on peut penser que le phénomène de la mort elle-même, entre tout à fait dans ce cycle. Nos atomes resteront sur la Terre.

COMMENT POURRAIT-ON DÉTECTER LA VIE SUR UNE AUTRE PLANÈTE ?

DEPUIS une dizaine d'années, nous avons observé plus de deux cents planètes circulant autour d'étoiles voisines de notre Soleil. Les renseignements que nous avons sur ces planètes sont limités. Avec les progrès de l'astronomie, nous commençons juste à les voir, et nous pourrions éventuellement analyser leur lumière.

En observant la lumière d'une planète, nous avons des outils qui permettent de déduire la présence d'oxygène par exemple.

Sur la Terre, nous avons surtout de l'azote et de l'oxygène. Toutes les autres planètes que nous connaissons dans notre système solaire n'ont pas d'oxygène, mais elles ont du gaz carbonique et de l'azote.

Alors pourquoi y a-t-il de l'oxygène sur notre planète ? La réponse est : tout simplement parce qu'il y a la vie. Au départ, notre planète avait, comme Vénus et Mars, une atmosphère de gaz carbonique. Ce sont les êtres vivants qui, au cours de milliards d'années, ont ajouté de l'oxygène à l'atmosphère. Si la vie cessait sur la Terre, nous retrouverions une atmosphère de gaz carbonique.

Mais attention aux termes que nous utilisons. Ce n'est pas juste de parler de la lumière de ces planètes car elles n'émettent en réalité pas de lumière : elles reflètent celle de l'étoile centrale. Et s'il y avait de l'oxygène sur ces planètes, cela altèrerait la lumière de l'étoile centrale même.

C'est l'une des méthodes que les astrophysiciens espèrent pouvoir utiliser à présent pour détecter la vie. De l'oxygène libre sur une planète serait un bon signe tout comme de l'ozone, un marqueur également facile à reconnaître.

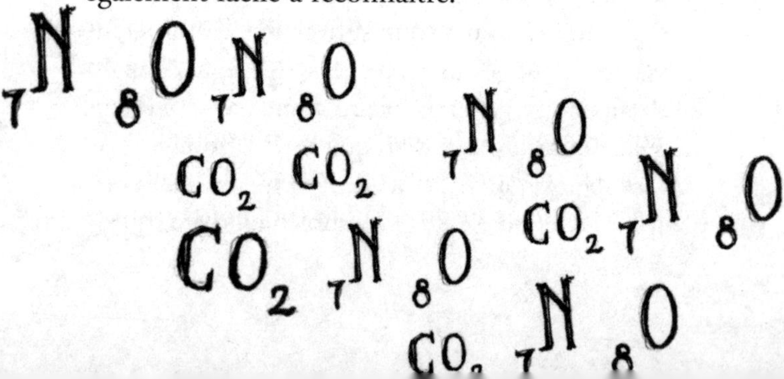

LES OISEAUX MIGRENT-ILS TOUJOURS EN AFRIQUE ?

C'EST LE SCHÉMA le plus classique que l'on peut illustrer avec l'hirondelle par exemple. En fin d'été et en automne, nous avons l'habitude de voir les hirondelles se regrouper avant qu'elles ne partent pour des cieux plus cléments. Et c'est effectivement l'Afrique, l'Afrique centrale et même l'Afrique-du-Sud selon les espèces.

Si elles partent, ce n'est pas tant pour échapper au froid que pour échapper aux conséquences du froid. Insectivores, en hiver, elles ne trouveraient pas à se nourrir chez nous. Ce voyage Europe/Afrique est le schéma classique et connu de nos oiseaux migrateurs.

Mais ce n'est pas le seul voyage possible. Citons celui de la sterne arctique qui, passant l'été au Pôle nord, va voyager jusqu'au Pôle sud pour y passer l'été austral : plus de 20.000 km parcourus. C'est encore cependant le schéma classique hémisphère nord/hémisphère sud.

Il est des espèces qui migrent différemment. Nous pouvons parfois remarquer dans nos villes, en hiver, des mouettes présentes en nombre, bien éloignées du bord de mer, comme à Paris. Il s'agit de mouettes rieuses, une espèce des zones humides de l'intérieur, qui nichent en grand nombre dans le nord et l'est de l'Europe et qui viennent hiverner chez nous pour échapper à la rigueur du gel de ces pays. Aux beaux jours, elles repartiront vers le Danemark ou la Pologne. Enfin, pas toutes, car parmi elles, certaines sont aussi nicheuses chez nous. Nous pouvons d'ailleurs les voir changer de look, car en été leur tête se pare d'un joli capuchon brun chocolat dont il ne subsiste qu'un point derrière l'œil en hiver.

Ces déplacements du nord ou de l'est de l'Europe vers l'ouest aux hivers plus doux, valent aussi pour des canards, des oies, des limicoles, et s'accentuent en cas de vague de froid, ce qui fait le bonheur des ornithologues derrière leurs jumelles.

Il est de petits oiseaux qui font aussi de tels voyages. Ainsi, le merle que vous verrez dans votre jardin l'hiver sera peut-être un jeune individu plus nordique qui repartira au printemps, il en est de même pour les rouges-gorges. On parle là de migrateurs partiels pour les distinguer des migrateurs au long cours.

Un monde fabuleux que celui de la migration des oiseaux et encore nous n'avons pas abordé la question de l'orientation !

COMMENT VA RÉELLEMENT LA MER ?

MAL MALHEUREUSEMENT.

La mer, qui rappelons-le couvre 70 % de notre planète, est victime de nos activités.

- Surexploitation, par la pêche qui capture trop de poissons, épuisant la ressource et dépassant les capacités de reconstitutions. La FAO, organisation des Nations-Unies, estime que 75 % des espèces pêchées le sont trop ou à leur maximum.

- Disparition d'espèces, 7 % des espèces marines auraient disparu depuis 1950.

- Dégradation des milieux, la moitié des zones littorales du monde se dégradent. Le vingtième siècle a vu disparaître la moitié des mangroves tropicales, ces milieux ou s'enchevêtrent terre et mer et qui sont d'une importance vitale pour la reproduction de nombreuses espèces marines. 70 %

des massifs de coraux de la planète sont menacés. Les chaluts de grand fond transforment en désert les fonds marins.

- Pollution, les marées noires bien sûr et à ce sujet n'oublions pas que les grandes marées noires du type Erika sont la partie visible de l'iceberg noir que constituent les innombrables marées noires quasi quotidiennes.

- Et n'oublions pas non plus les pollutions d'origines terrestres qui, par les rivières et le ruissellement, terminent dans la mer. Pensons aux marées vertes de Bretagne, résultat de la pollution par les nitrates agricoles.

- Même nos déchets finissent à la mer et on a identifié des zones immenses recouvertes de plastiques divers.

Et la France dans tout ça ?

Elle a une responsabilité importante, car avec les collectivités d'Outre-mer, elle est présente dans tous les océans. Mais malgré quelques avancées récentes comme la création d'un parc national marin en mer d'Iroise, malgré le travail important du

Conservatoire du Littoral, la France n'a pas une politique de protection des écosystèmes marins à la hauteur des enjeux et de sa responsabilité.

Un chiffre très parlant : la France protège 0,0001 % de sa surface marine quand les préconisations des scientifiques sont d'en protéger au moins 10 %. Nous comprenons que l'une des conclusions du Grenelle de l'environnement ait été de mettre en chantier une "loi mer" qui devra permettre des avancées fortes sur tous les domaines que nous venons de citer.

Il est temps d'agir et de comprendre que la mer n'est pas qu'une étendue d'eau pour naviguer ou de ressources à exploiter. C'est un milieu vivant à préserver car il conditionne pour une large part notre futur.

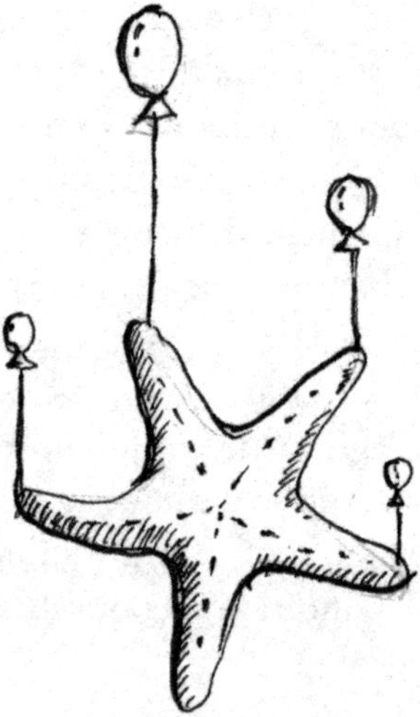

SOMMES-NOUS DES DESTRUCTEURS DE LA NATURE ?

IL EST CERTAIN que l'arrivée de l'être humain sur Terre a eu des effets très négatifs. Voici un texte dont il faudrait deviner à quelle période il a été écrit :

"L'homme, par son égoïsme trop peu clairvoyant, pour ses propres intérêts, par son penchant à jouir de tout ce qui est à sa disposition, en un mot par son insouciance pour l'avenir et pour ses semblables, semble travailler à l'anéantissement de ses moyens de conservation et à la destruction même de sa propre espèce. En détruisant partout les grands végétaux qui protégeaient le sol, pour des objets qui satisfont son avidité du moment, il amène rapidement à la stérilité ce sol qu'il habite, donne lieu au tarissement des sources, en écarte les animaux qui y trouvaient leur

subsistance et fait que de grandes parties du globe, autrefois très fertiles et très peuplées à tous égards sont maintenant nues, stériles, inhabitables et désertes. On dirait que l'homme est destiné à s'exterminer lui-même après avoir rendu le globe inhabitable."

Ce texte a été écrit par Lamarck dans les années 1820. Ce qu'il dit est extrêmement présent aujourd'hui et je crois qu'il décrit assez bien la situation. Chateaubriand continuait : "Il y a la forêt, ensuite il y a l'homme et enfin il y a le désert."

Que faire ? Quels sont les éléments qui font de nous de tels destructeurs ?

Il y a en particulier tous les pesticides que nous utilisons pour un meilleur rendement en agriculture. Il y a également les villes qui occupent des territoires de plus en plus grands, ces territoires ne sont donc plus disponibles pour les cultures. Il y a également les recherches de carburants, les mines, les puits de pétrole... Lamarck était donc un visionnaire concernant notre avenir proche et nos générations n'ont aujourd'hui plus beaucoup de temps pour montrer qu'il avait tort.

QU'EST-CE QUE LES LIMICOLES ?

CE SONT DES OISEAUX que l'on appelait quelquefois petits échassiers, car la plupart d'entre eux ont de longues pattes, mais le terme limicoles, qui vient du latin *limus* le limon, la boue et *cola* signifiant habite ou exploite, convient mieux.

Ces oiseaux vivent en effet pour la plupart dans les marais, les lagunes, les rivages et même les plus terrestres d'entre eux rechercheront des sols humides et mous. C'est là qu'ils trouveront les invertébrés dont ils se nourrissent. Ce sont des oiseaux fins et élégants. Les plus grands, tels les courlis et leur long bec recourbé, atteindront le kilo tandis que les plus petits, tels certains bécasseaux, dépasseront à peine les 20 grammes. L'Europe compte de nombreuses espèces. Il y a les bécassines et leur long bec droit, toujours très difficiles à repérer dans le marais. Il y a la bécasse qu'on pourra avoir la chance d'apercevoir en lisière de forêt lors de son chant nuptial appelé *croule*. Il y a les bécasseaux qui forment de grands vols sur nos rivages, il faut les voir voler de concert, changeant tous de direction en même temps comme s'ils se parlaient ou il faut au contraire les voir arpenter les plages en des mouvements saccadés rappelant des jouets mécaniques que l'on aurait remontés. Il y a les chevaliers aux cris sonores, l'huîtrier pie, qu'avec un peu d'attention, vous verrez facilement sur les côtes rocheuses grâce à son bec rouge. Il y a les vanneaux huppés qui par centaines se regroupent en hiver dans les champs d'Île-de-France, de Bretagne ou d'ailleurs. Il y a l'avocette et son étonnant bec recourbé vers le haut, l'échasse blanche juchée sur ses grandes pattes rouges.

Il faudrait bien plus que quelques lignes pour les citer et les décrire tous, et pour raconter leur mode de vie passionnant, leur voyage au long cours entre toundra arctique et estuaire de l'Atlantique et au-delà jusqu'en Afrique, car ce sont de grands voyageurs.

Et c'est là que leurs difficultés surviennent. Les escales sur leur zones de migrations et d'hivernage se font rares. Comme nous l'avons déjà dit, les zones humides sont en régression partout en Europe comme en Afrique.

Et pour de nombreuses espèces, pas toutes heureusement car il en est de protégées, ce voyage déjà long et difficile se complique à cause de la chasse. Notamment en France où la bécasse, pourtant en régression, est l'un des oiseaux qui subit la plus longue période de chasse. Les vanneaux, pluviers, bécasseaux maubèche sont aussi chassés bien que leurs effectifs soient en baisse.

Il est temps de changer les règles pour que subsistent en nombre ces merveilleux oiseaux.

BANG

QU'EST-CE QUE LE BIG BANG ?

C'EST LA THÉORIE la plus plausible du passé de l'univers. Les êtres humains se demandent depuis longtemps si l'univers a toujours existé et s'il existera toujours. Il y a 2.500 ans, Aristote disait que l'univers avait toujours existé, qu'il existerait toujours et que rien ne changerait.

Au début du XXe siècle, grâce à l'observation des galaxies par Edwin Hubble, nous savons que ce n'est pas vrai car les galaxies s'éloignent les unes des autres. Notre univers n'a pas toujours existé, il a un âge, environ 13,7 milliards d'années, mais encore plus important, il est en mutation profonde.

L'univers était très chaud, il se refroidit.

Il était très dense, il est en expansion.

Il était très lumineux, il s'obscurcit.

A la lumière des meilleures observations interprétées par les meilleures théories – dans ce cas la théorie de la relativité d'Einstein – le big-bang paraît être le scénario le plus plausible en ce qui concerne le passé de l'univers.

Ce n'est pas une question de vérité. La science n'est jamais dans un domaine de vérité. Ce phénomène est davantage une théorie dont la crédibilité s'accumule au long des années et surtout, depuis quelques décennies, les observations vont toutes dans ce même sens d'un big-bang originel.

LA SURPÊCHE EST-ELLE UNE RÉALITÉ ?

MALHEUREUSEMENT oui, et presque tous les clignotants sont au rouge. Nous pêchons trop de poissons, plus que ce que le milieu marin peut supporter, et les capacités de reconstitution sont atteintes.

Quelques chiffres :

- 29 % des 600 groupes d'espèces pêchées dans le monde sont en voie d'épuisement.

- 53 % des espèces pêchées le sont à 50 % de leur stock.

- on estime qu'en dix ans, 80 % des adultes reproducteurs de l'espèce de grand fond que l'on appelle *empereurs* ont été prélevés.

- la taille moyenne des morues pêchées au début du XXe siècle était d'un mètre, elle est maintenant de 25 centimètres.

- le thon rouge ou le cabillaud sont menacés à l'horizon 2020.

- de nombreux scientifiques estiment que si rien n'est fait aujourd'hui, un point de non-retour sera atteint en 2050.

Par ailleurs, l'exemple de la morue de Terre-neuve a montré que la reconstitution des stocks était complexe. En effet, alerté par la baisse des prises, un moratoire sur la pêche a été décidé, mais les stocks ne remontent pas. En fait, la baisse du nombre de morues adultes a vu l'augmentation d'espèces carnivores plus petites qui mangent plus de jeunes morues qu'auparavant, au-delà de la disparition des morues, c'est l'écosystème qui a été modifié et sa capacité de régénération atteinte.

L'aquaculture n'est pas encore une solution de remplacement durable car on élève des espèces carnivores que l'on nourrit avec de la farine de poissons sauvages, contribuant ainsi à la surpêche. La voie de l'avenir est là dans l'élevage d'espèces végétariennes tel le tilapia.

Alors que faire ?

Le sujet est complexe, mais des solutions sont

possibles. Il faut jouer sur les méthodes de pêches, en interdisant les plus destructrices, il faut protéger des zones de reproduction, mettre en place des modes de gestion durable pêcherie par pêcherie, suspendre la pêche des espèces les plus menacées, créer de grandes zones sanctuaires, il faut privilégier la pêche locale et sortir de la pêche industrielle. Il faut aussi changer nos habitudes de consommation, ce qui ne signifie pas ne plus manger de poissons, mais manger intelligent en variant nos choix, en évitant certaines espèces, des guides existent sur le sujet.

Il faut enfin accompagner la profession dans son évolution sans la stigmatiser. La pêche actuelle est le résultat de notre modèle de développement, ce n'est pas le choix des seuls pêcheurs.

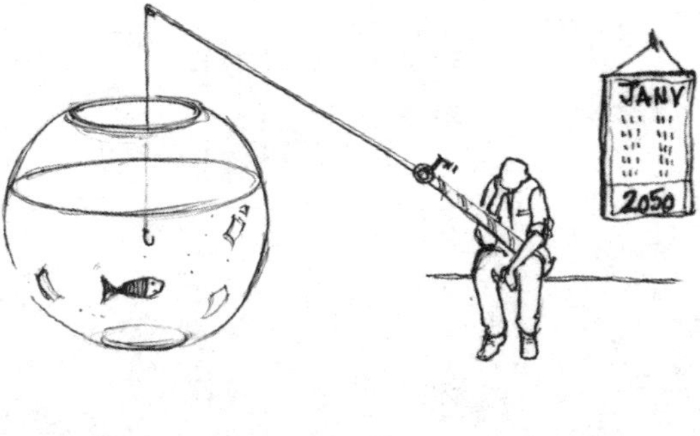

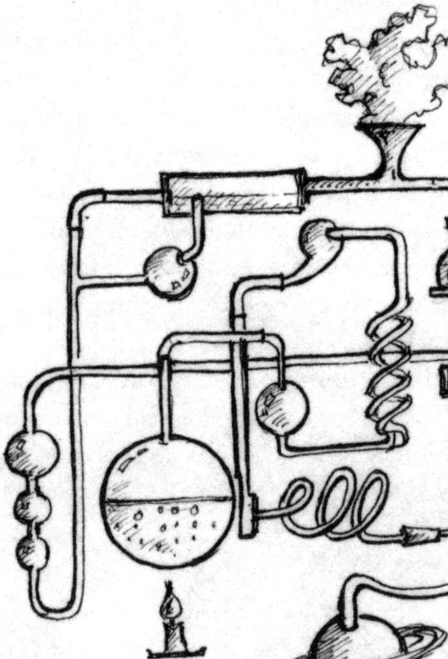

EST-CE QUE L'EFFET DE SERRE EST PROPRE À LA TERRE OU EST-CE QU'IL S'APPLIQUE AUSSI DANS LE SYSTÈME SOLAIRE ?

LE SYSTÈME solaire possède une étoile en son centre, le Soleil. Plus on s'éloigne du Soleil, plus les différentes planètes sont placées dans des régions où règne le froid. Nous avons déjà défini ce que l'on appelle une zone habitable, c'est-à-dire la distance du Soleil à laquelle l'eau peut être présente sous les trois stades : liquide, solide et gazeuse. On ne pense pas que la vie pourrait se développer dans une région où il n'y aurait pas d'eau liquide.

La zone habitable n'est ni trop près du Soleil, par exemple sur Mercure ni trop loin du Soleil, là où l'on rencontre Jupiter, Saturne, Neptune et Uranus.

La Terre n'est pas tout à fait dans cette zone habitable car s'il n'y avait pas l'effet de serre, du gaz carbonique tout autour de la Terre, la température serait inférieure à ce qu'il faut pour que l'eau soit liquide.

Vénus, qui est assez semblable à la Terre, dans des conditions de distance à peu près comparables, a un effet de serre extraordinaire. Elle a une atmosphère de gaz carbonique beaucoup plus épaisse que la nôtre. La température à la surface de Vénus est par conséquent de l'ordre de 450° C.

Mars n'est pas dans la zone habitable mais elle avait une atmosphère. Les autres planètes sont beaucoup trop loin, en tout cas pour la vie telle que nous l'envisageons.

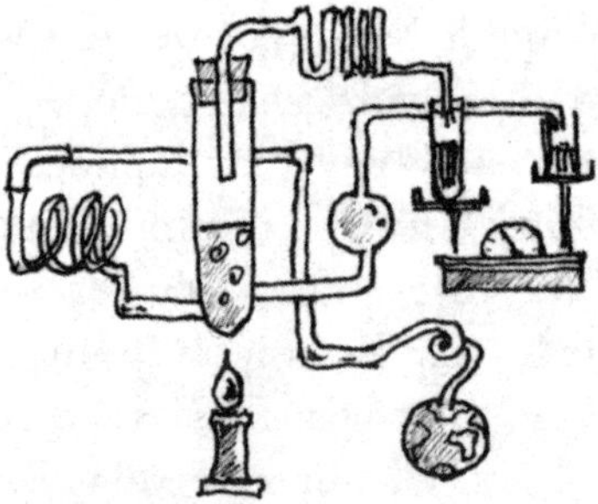

POURQUOI A-T-ON INTERDIT LE PLOMB DANS LES ZONES HUMIDES ?

EFFECTIVEMENT, l'usage de plomb dans les cartouches est depuis juillet 2006 interdit en zones humides. Les plombs doivent être remplacés par des billes d'acier ou de tungstène.

Cette interdiction aurait dû entrer en vigueur en l'an 2000, la France ayant signé un accord international en ce sens. La mise en application a traîné du fait de l'opposition des chasseurs français. Pourtant, chez la quasi-totalité de nos voisins Européens comme aux Etats-unis, cette substitution s'est faite sans heurt.

Mais pourquoi cette interdiction était-elle nécessaire ?

Le plomb est une substance dangereuse qui cause une maladie grave, le saturnisme. C'est pourquoi il a été interdit dans les peintures et l'essence, et c'est pourquoi on rénove les canalisations qui en contiennent. Le plomb dispersé lors de la chasse s'accumule dans les milieux naturels et les quantités sont importantes, des estimations font état de plus de 6.000 tonnes de plomb dispersées dans la nature.

Or, les canards qui ont l'habitude d'ingérer de petits cailloux pour aider leur digestion avalent les plombs, qui s'accumulent alors dans leur corps, le saturnisme les guette. Des expériences ont montré qu'un canard qui ingère 6 billes de plomb meurt en 5 ou 6 jours. Des données pour la Camargue ont mis en évidence jusqu'à 5 millions de plomb à l'hectare et la contamination des canards est importante, autour de 20 % des individus. Au-delà des canards, toute la faune est touchée notamment les prédateurs qui vont manger les canards atteints et donc s'empoisonner à leur tour. D'ailleurs, manger ces oiseaux n'est pas très bon pour la santé humaine !

Il était donc temps d'agir.

Mais supprimer le plomb en zones humides ne suffit pas, le problème des ball-trap ne doit pas être sous-estimé, la concentration de plomb alentour est évidemment forte et des cas d'intoxications de vaches, donc de lait, ont déjà été mis en évidence. Les plombs de pêche posent également problème.

Il serait préférable de substituer l'acier au plomb dans tous les cas.

MADE
IN
FRANCE

Y A-T-IL DES CASTORS EN FRANCE ?

LA RÉPONSE est oui ! Ce n'est pas toujours connu, on associe plutôt le castor aux grands espaces canadiens, mais il y a bel et bien des castors en France. Il s'agit de l'espèce européenne plutôt plus petite que l'espèce nord-américaine et qui ne construit pas d'aussi grands barrages.

Il vit bien sûr dans les cours d'eau qu'il affectionne en pente douce, avec une végétation aquatique pas trop dense et un niveau d'eau minimum garanti toute l'année. Il est nocturne, passant la journée dans son terrier creusé dans la berge mais dont l'entrée est sous l'eau. Le castor est en effet vraiment adapté à la vie aquatique, ses plongées durent en général 2 à 3 minutes, mais elles peuvent aller jusqu'au quart d'heure. Il se nourrit de végétaux aquatiques et d'arbustes, il affectionne particulièrement le saule. Il était jusqu'au XIXe siècle présent sur tout le territoire, on le surnommait bièvre, nom que l'on retrouve dans de nombreux lieux-dits et nom d'un petit cours d'eau qui se jette dans la Seine à Paris.

Pourtant, le castor a payé un lourd tribut au piégeage et à la chasse car on recherchait sa fourrure, mais aussi le castoréum, produit par une glande de l'animal qu'il utilise pour marquer son territoire, et dont on avait découvert les propriétés pharmaceutiques. Le castor se nourrissant de saule, le saule contenant un efficace antalgique, le castoréum est lui aussi antalgique, anti-douleur, efficace donc. Notre rongeur a failli disparaître, ne subsistant que dans la partie aval du Rhône. L'exploitation cessant au XXe siècle, il a reconquis le fleuve jusqu'à Lyon mais également les affluents du Rhône et c'est là qu'il est maintenant le plus prospère.

Les barrages l'ont empêché d'aller naturellement plus loin mais des opérations de réintroduction ont eu lieu et il est maintenant présent aussi sur la Loire, le Tarn, la Marne, le Rhin.

Le castor, exemple d'une espèce dont on a évité la disparition, cela valait bien un coup de chapeau !

COMMENT EST LA VIE DANS LES ABYSSES ?

LES ABYSSES sont les fonds marins de très grandes profondeurs, de 2.000 à 6.000 mètres et même au-delà. On oublie souvent que les océans représentent les deux tiers de la surface du globe. C'est un milieu froid et noir, dont on a coutume de dire qu'on le connaît moins bien que l'espace.

Boutade certes quoique, ce sont en effet des étendues immenses, très difficiles d'accès et dont l'exploration n'en est qu'à ses débuts. Ces dernières années, les scientifiques, en France l'IFREMER notamment, utilisant des moyens d'exploration toujours plus sophistiqués, ont découvert des choses extraordinaires dans ces grands fonds.

Une profusion de vies, de toutes sortes et de toutes formes, des bactéries et de nombreux micro-organismes, des vers, de nombreux invertébrés, des crustacés, des poissons... d'aspects toujours étonnants, possédant des couleurs souvent extraordinaires.

Ce qu'il faut bien comprendre, c'est que la découverte d'organismes vivants à ces profondeurs a remis en cause les fondamentaux de ce que nous savions sur la vie. En effet, le cycle de la vie sur terre est basé sur la photosynthèse, cette capacité qu'ont les plantes (mais aussi des bactéries) à fabriquer du vivant à partir de l'énergie fournie par le soleil et en utilisant de l'eau et du CO_2.

Dans les abysses pas de lumière, donc pas de photosynthèse, mais alors comment fabriquer ce que j'appellerais les briques du vivant ?

Au fond de la mer se trouvent des sources hydrothermales chaudes, très chaudes, dues à l'activité du magma à l'intérieur de la terre. Des bactéries utilisent cette énergie pour fabriquer des briques de vie. On parle de chimiosynthèse. Ce n'est pas le même procédé que la photosynthèse des plantes mais le principe est là : de l'énergie permet à des organismes de fabriquer la vie en réduisant du CO_2.

Et le cycle initié, la biodiversité, c'est-à-dire la diversité de la vie, se déploie.

Les abysses sont une nouvelle frontière pour la découverte et la compréhension du vivant, une raison de plus de prendre soin de notre planète dans tous ses recoins.

Terre, planète bleue
où, à la nuit tombée,
un maçon contemple
avec fierté le mur
de briques élevé
tout au long
du jour.

Terre, planète bleue
où, vêtue de couleurs
éclatantes, une
femme choisit ses
légumes verts
sur les étals
d'un marché africain.

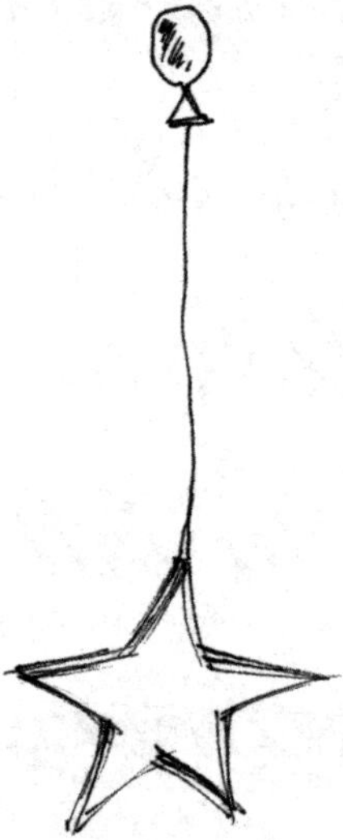

POURQUOI DIT-ON QUE VÉNUS EST L'ÉTOILE DU BERGER ?

IL Y A UNE IDÉE fausse très répandue qui dit que Vénus se trouverait dans le ciel tous les soirs pour, selon la tradition, guider les bergers. En fait, ce n'est pas vrai. Elle descend pendant plusieurs mois le soir au couchant et quelques mois plus tard, elle se lève quelques heures le matin avant le levée du Soleil. Il y a une alternance. Ce phénomène est dû au fait que Vénus est une planète en rotation autour du Soleil mais que cette rotation n'a pas la même période que celle de notre planète. La période de la Terre, à savoir 365 jours, n'est pas un nombre entier de fois la période de Vénus qui est de 225 jours. C'est pour cette raison que nous la voyons alternativement le matin et le soir.

Vénus est par ailleurs une planète très semblable à la Terre, légèrement plus petite et située un peu plus près du Soleil. Mais sur le plan concret, au-delà de cette ressemblance, il y a d'énormes différences. La principale d'entre-elles est qu'à la surface de Vénus il fait 450° C. Il n'y a donc pas d'eau liquide. La température est telle que la vie ne peut pas exister. En outre, il y a des pluies d'acide sulfurique qui retombent continuellement à sa surface.

Il y a peu, une sonde que nous avons envoyée est passée près de Vénus et nous a donné de très nombreux renseignements sur sa constitution, permettant de grandes avancées sur notre connaissance de cette planète.

QU'EST-CE QUE LE GRAND TÉTRAS ?

C'EST UN OISEAU mythique pour les ornithologues mais c'est surtout un oiseau méconnu du grand public et qui par ailleurs risque de disparaître de notre pays. Imaginez la montagne, à la sortie de l'hiver, il reste de la neige au sol. Dans un espace un peu dégagé au milieu des épicéas de gros oiseaux foncés s'affrontent. Ils ont l'allure de dindons, ce sont d'ailleurs des gallinacés, face à face, leur queue déployée en roue, leur cou tendu, la tête dressée, ils se défient avec des cris gutturaux. L'enjeu est bien sûr les femelles.

Ce spectacle est exceptionnel, parce que les grands tétras ou coqs de bruyère sont rares mais aussi discrets. Il ne faut surtout pas les déranger à cette période et on a même réglementé la chasse photographique de ces oiseaux. Et on fait bien d'en prendre soin, car c'est un condensé de nature sauvage qui vit encore dans le Jura, les Pyrénées, les Vosges et le Massif Central mais en petit nombre, et il est considéré comme disparu dans les Alpes. Les effectifs sont en baisse, y compris chez nombre de nos voisins européens.

Les causes de ce déclin sont multiples, l'exploitation trop intensive de la forêt perturbe son habitat en faisant disparaître les vieilles futaies qu'il affectionne. Ski hors pistes, randonnée en raquette, 4x4, autant de pénétration et de dérangement qu'il supporte mal notamment pour toutes les activités de sport d'hiver car à cette période, il a besoin de toute son énergie pour lutter contre le froid, et à chaque dérangement, il brûle des calories qui lui manqueront pendant les longues nuits froides.

Alors, laisserons-nous disparaître le Grand Tétras ? Ou prendrons-nous les décisions qui s'imposent :

- fermeture de pistes dans les zones qui l'accueillent,

- restriction d'activités pour lui ménager suffisamment de zones de repos,

- pratiques d'exploitation de la forêt adaptées à sa présence pour maintenir son habitat,
- suspension de sa chasse dans les Pyrénées car même si c'est là qu'il est en plus grand nombre, les effectifs sont à la baisse et la chasse, qui s'ajoute aux autres problèmes, est de trop.

ON DIT QUE NOUS VENONS DES ÉTOILES. ALORS SONT-ELLES NOS GRANDS-MÈRES ?

C'EST UNE QUESTION que les êtres humains se posent déjà dans l'Antiquité. Que sont ces étoiles ? Ces petits points brillants que l'on voit la nuit. Pendant longtemps, on ignorait même la distance à laquelle elles se trouvaient. Aujourd'hui, grâce aux progrès de la science moderne, nous avons appris des choses tout à fait fascinantes sur les étoiles, leur distance que nous connaissons bien maintenant, leur naissance, leur vie et leur mort. Comme nous, elles ne sont pas éternelles. Nous avons appris avec le développement de la physique nucléaire, qu'elles brillent parce qu'il y a en leur centre, des réactions thermonucléaires qui produisent leur lumière. C'est ce qui se passe au centre de notre Soleil qui est à 15 millions de degrés.

Ces réactions nucléaires ont un double effet. Elles fabriquent de la lumière, mais aussi de nouveaux atomes. Elles transforment des atomes légers en atomes plus lourds. Par exemple, dans le Soleil, l'hydrogène est transformé en hélium comme dans une bombe H. Les étoiles plus vieilles poursuivent cette transformation et produisent carbone, azote, oxygène et plus tard des atomes plus lourds.

A la mort de l'étoile, ces atomes sont rejetés dans l'espace et plus tard ces mêmes atomes, cette moisson d'atomes, pourrions-nous dire, est reprise dans une nouvelle nébuleuse de laquelle peuvent naître de nouvelles planètes et dans laquelle peuvent apparaître des êtres vivants. On peut donc affirmer que lorsqu'on touche notre corps, on touche des cellules qui sont faites de molécules, faites d'atomes, et que ces atomes ont été engendrés à l'intérieur d'étoiles qui ont vécu avant la naissance de la Terre, c'est-à-dire il y a plus de 4,5 milliards d'années. Ces étoiles qui sont nées, qui ont vécu et qui sont mortes, ont répandu leurs atomes dans l'espace et littéralement, nous sommes des poussières d'étoiles. Dans notre généalogie, si nous retournons suffisamment loin dans le passé, nous arrivons à un moment donné où nos grands-mères sont les étoiles puisque sans elles, il n'y aurait pas d'atomes, et sans ces atomes, il n'y aurait pas de vie sur la Terre.

POURQUOI Y A-T-IL DES SERPENTS ?

J'AI ENVIE de répondre à cette question par une autre question. Pourquoi n'y en aurait-il pas ?

Au cours de l'évolution, la vie a éclaté en de multiples formes, et de multiples espèces. Toutes font partie de ce tissu vivant de la planète qu'est la biodiversité, et toutes ces espèces font partie du grand jeu relationnel qui fait que les écosystèmes sont en équilibre et qu'au final la biosphère, notre planète, fonctionne et reste un terreau idéal à la vie.

Dans cette explosion de formes de vie, il y a les reptiles – soulignons au passage qu'avant les mammifères, ils ont dominé le monde avec les dinosaures. Et parmi ces reptiles, il y a les serpents.

Alors bien sûr, dans l'ensemble des formes de vies, il est des critères de beauté que nous préférons, nous aimons mieux les chats que les chauves-souris, les oiseaux que les reptiles… mais il s'agit là de critères culturels et les serpents s'en moqueraient s'ils ne nous conduisaient à les maltraiter. Rappelons d'ailleurs ici que les oiseaux que nous aimons tant descendent des reptiles.

Mais revenons aux serpents, on ne peut nier que s'il n'y avait pas de serpents venimeux, ils auraient meilleure presse, mais ce n'est pas une raison suffisante pour ne pas les laisser jouer leur rôle dans nos écosystèmes. Les accidents restent rares dans notre pays et des traitements administrés à temps permettent d'éviter le pire.

Les serpents sont des prédateurs qui participent au fonctionnement des écosystèmes et comme les autres, il faut donc les préserver. Il y a en France métropolitaine une douzaine d'espèces, des couleuvres et des vipères mais aussi des coronelles. La majorité des espèces sont protégées, malheureusement pas toutes. Couleuvres et vipères souffrent de la disparition de leurs milieux.

La prochaine fois que l'un d'entre eux traversera sur la route devant vous, ayez le bon réflexe, évitez-le !

EN QUOI LES VOLCANS ET LES MÉTÉORITES SONT-ILS UTILES ?

PARMI les éléments violents, les catastrophes qui surviennent parfois sur la Terre, il y a par exemple les éruptions volcaniques qui peuvent brûler des villages entiers, tuer des milliers de gens ou les chutes de météorites qui, elles, sont plus rares mais peuvent provoquer des dégâts absolument invraisemblables.

Nous les considérons comme des catastrophes. Il est vrai qu'à court terme une éruption volcanique ou une chute de météorite produisent de grands cataclysmes, mais à long terme l'effet de ces événements est différent et en réalité, il est même très positif.

Lorsque l'on regarde les planètes du système solaire comme Mercure ou notre satellite la Lune, tous ces corps du système solaire, nous sommes étonnés de voir que leur relief est fait de cratères météoritiques, des espèces de cercles dont on sait maintenant qu'ils ont été provoqués par la chute de cailloux quelquefois de rochers qui peuvent être gros comme des montagnes sur le corps céleste en question.

Cela nous renseigne que cette arrivée de matière a contribué à augmenter la masse et le volume de cette planète. Notre terre s'est formée progressivement par un nombre considérable de météorites qui nous ont donné le socle rocheux sur lequel l'eau a pu se déposer et la vie apparaître. De même, le volcanisme rejette dans l'espace d'énormes quantités de gaz et forme une atmosphère. Une planète qui n'aurait pas ou plus de volcanisme, comme Mars, est une planète qui n'aurait plus d'atmosphère.

POURQUOI FAUT-IL RÉDUIRE LES PESTICIDES ?

LES PESTICIDES sont des substances chimiques utilisées pour la prévention, le contrôle ou l'élimination d'organismes vivants jugés nuisibles, principalement pour les cultures. On distingue les fongicides contre les champignons, les herbicides utilisés contre les plantes, les insecticides contre les insectes. La France est le 3e consommateur mondial de pesticides, et le premier européen avec 30 % du total utilisé, 6.000 produits sont homologués. C'est ainsi que l'on retrouve les pesticides partout. Une étude de la répression des fraudes a mis en évidence que seulement 59 % des légumes et 35 % des fruits proposés aux consommateurs ne présentaient pas de traces de pesticides, et que 7 % des légumes dépassaient les normes autorisées.

Par ailleurs 90 % des rivières et 50 % des eaux

souterraines contrôlées contiennent des traces de pesticides. L'atmosphère, donc les eaux de pluie, contient elle aussi des pesticides.

Or, les dangers de ces produits sont maintenant clairement identifiés.

Impacts sur la biodiversité :

- Baisse du nombre d'insectes donc moins de proies pour les oiseaux insectivores dont les effectifs s'effondrent, comme les hirondelles.

- Perturbation des cycles reproducteurs. On a même mis en évidence des changements de sexes chez des poissons.

- Impact sur la santé humaine : les agriculteurs sont les premiers touchés, ainsi l'Organisation Mondiale de la Santé estime qu'il y a chaque année un million d'empoisonnement et environ 220.000 décès. En France, la mutualité sociale agricole a mis en évidence des problèmes de santé significatifs, problèmes cutanés, respiratoires et digestifs.

Enfin, des études ont mis en évidence le lien entre le fait d'être exposé à des pesticides et une baisse de la fertilité masculine. Et nous soupçonnons donc que leur rôle est fondamental dans la baisse régulière de la concentration en spermatozoïdes des populations masculines des pays développés. Il est donc tant d'agir et la décision prise lors du Grenelle de l'environnement de baisser de 50 % l'usage des pesticides est à mettre en œuvre le plus rapidement possible. Cela concerne l'agriculture, mais aussi les collectivités locales dans les parcs et jardins, les entreprises comme pour l'entretien des voies ferrées, et même les particuliers dans les jardins ! Les solutions existent comme le montre par exemple la politique menée au Danemark.

Les pouvoirs publics doivent donc mener une politique volontariste pour atteindre l'objectif du Grenelle et chacun des acteurs utilisant ces produits devra se montrer responsable.

LES HIRONDELLES SONT-ELLES MENACÉES ?

LORSQUE l'on parle d'espèces animales en danger, on a tendance à réfléchir en terme d'espèces emblématiques proches de la disparition, le grand panda, le tigre ou certaines baleines et autres éléphants. Notons au passage qu'on parlera moins d'espèces de requins ou d'insectes proches de la disparition et pourtant il en existe. Notre action de mobilisation ne doit pas viser les seules espèces qui nous sont, arbitrairement, sympathiques.

Mais la question posée renvoie à un problème différent. La baisse des effectifs d'espèces communes est trop souvent occultée. En d'autres termes, trop d'espèces communes le sont de moins en moins.

C'est le cas des hirondelles, mais aussi d'autres

oiseaux. Le muséum national d'Histoire naturelle de Paris pilote un programme dit STOC, pour Suivi Temporel des Oiseaux Communs. Ce travail de recherche s'appuie sur les observations de centaines d'observateurs bénévoles des associations de protection de la nature. Il a mis en évidence que la plupart de nos oiseaux communs voient leurs effectifs baisser. Les indicateurs mis en place pour 65 espèces donnent une baisse globale de 18 % depuis 1989 date du début de l'étude, elle est de 28 % pour les espèces des milieux agricoles, de 27 % pour les espèces des milieux bâtis, de 18 % pour les espèces forestières tandis que les espèces généralistes augmentent elles de 10 %. Le STOC indique une baisse de 24 % des effectifs de l'alouette des champs, de 28 % pour le coucou, 38 % pour l'hirondelle de fenêtre, 78 % pour la pie.

Les mêmes constats valent pour la flore commune, on cite souvent le cas du bleuet que nos grands-parents connaissent mais que nos enfants ne voient plus.

Il en est de même pour les batraciens, pour les chauves-souris, pour les insectes... les vols de hannetons qui amusaient tant les enfants, il y a quarante ans, se font rares, tout comme les papillons dans nos jardins.

Les raisons de ce déclin diffèrent suivant les espèces mais une chose est sûre, nos activités en sont responsables. Trop de pesticides, trop d'urbanisation, trop d'exploitation, pas assez d'attention pour la nature…

Il faut se préoccuper des baleines et des éléphants, oui, mais n'oublions pas notre nature quotidienne, elle aussi, elle surtout, a besoin de notre attention.

QU'EST-CE QUI PROVOQUE UN TSUNAMI ?

NOUS AVONS CONNU un tsunami gigantesque, il y a maintenant quelques années, qui a eu lieu près de la Malaisie et a été ressenti jusqu'en Afrique. Ce phénomène provoque des vagues meurtrières qui peuvent atteindre quinze mètres de hauteur et se répandre sur des océans entiers.

Mais il faut bien le souligner : un tsunami est un phénomène naturel dans le déclenchement duquel les êtres humains n'ont aucun rôle.

L'origine en est que la surface de la Terre est composée d'un grand nombre de plaques rocheuses. Ces plaques rocheuses sont continuellement en mouvement. L'intérieur de la Terre est en ébulition, un peu comme dans une marmite, et les remous remontent à la surface faisant bouger les continents, on appelle ce processus : la tectonique des plaques. Les plaques rocheuses bougent et entrent parfois en collision. Ces collisions qui se passent souvent de manière assez douces peuvent donner quelque chose de plus violent quand par exemple une partie de la plaque se casse sur des milliers de kilomètres en dégageant des quantités d'énergie absolument faramineuses.

Quand je dis qu'il n'y a pas de rapport avec les comportements humains, ce n'est qu'à moitié vrai. Il y a un rapport, non pas dans la cause mais dans les effets.

Dans le passé, avant que les humains n'aient commencé à nettoyer les plages pour en faire des espaces réservés à la baignade, à couper les arbres dans les mangroves, les palétuviers, ces mangroves servaient à amortir l'impact des vagues. Les arbres sont comme des diffuseurs qui coupent la puissance de la vague.

Aujourd'hui, ces vagues arrivent directement sur les belles plages de sable et les conséquences sont beaucoup plus graves précisément à cause de l'intervention des hommes. Donc, le tsunami est un phénomène naturel dans sa cause, mais ses conséquences sont considérablement aggravées par l'activité humaine.

ECONOMIE ET BIODIVERSITÉ SONT-ELLES INCOMPATIBLES ?

C'EST EN TOUT CAS en répondant par l'affirmative à cette question que nous avons fonctionné depuis des décennies et c'est sur cette affirmation que s'appuient tous ceux qui n'ont pas envie que les choses bougent : *Business as usual* disent les Américains. Pourtant ce modèle a oublié que la terre était finie et que les ressources naturelles ne sont pas inépuisables. Continuer à affirmer cela, c'est continuer à aggraver la crise écologique.

Heureusement petit à petit, les tenants d'une autre vision s'affirment. C'est ainsi qu'une vaste étude scientifique a calculé le coût des services que nous rend, gratuitement, la nature. Ce qu'on appelle les services rendus par la biodiversité, ce sont par exemple la pollinisation, la régulation du climat, l'épuration de l'eau, les ressources génétiques, la valeur récréative… L'estimation économique de ces services se monte à 33.266 milliard de dollars, le P.N.B. mondial étant de 18.000 milliards de dollars seulement.

Ces chiffres sont très abstraits mais la comparaison est parlante, ce que nous offre la nature gratuitement coûte plus que toute la richesse que nous produisons. Prenons un exemple plus concret.

La ville de New York devait régler la qualité de son approvisionnement en eau, elle a envisagé, réflexe classique, de construire une usine de traitement de l'eau soit un investissement de 6 à 8 milliards de dollars, auxquelles s'ajoutent de 300 à 500 millions de dollars de dépenses annuelles d'entretien. Mais la ville s'est finalement orientée vers une autre voie, la protection de l'eau à la source, c'est-à-dire la protection du périmètre de captage et la restauration de ses milieux naturels pour leur rendre leur pouvoir épurateur. Le tout n'a coûté que 1,5 milliard de dollars : l'eau est propre, une zone naturelle est protégée pour le grand bénéfice de la biodiversité et des habitants. Et tout cela en faisant des économies. D'autres villes, y compris en France, ont pris des mesures de ce type.

Economie et biodiversité ne sont pas incompatibles, d'ailleurs de plus en plus de voix s'élèvent pour que nos indices économiques soient revus pour intégrer les coûts et les recettes des services écologiques.

CLIC

UNE IMAGE DE LA TERRE VUE DU CIEL.

C'EST ASSEZ impressionnant. Je me souviens dans les années 70 la première fois que l'on a vu la Terre de l'espace. C'était une image pas très bonne mais cette idée que de l'espace nous pouvions voir la Terre, alors même que nous ne l'avions jamais vue auparavant, cette idée-là était proprement fascinante. Maintenant, nous avons plusieurs images de la Terre. La dernière, qui est très intéressante, a été prise au travers du disque de Saturne. La photo a été prise par une sonde qui se trouvait au-delà du disque de Saturne et les disques sont relativement transparents dans la mesure où ils sont composés de nombreux petits cailloux ; on voit un petit point blanc au travers d'un des anneaux, c'est une image de la Terre.

Il s'agit d'une prise de conscience. On sait depuis

longtemps que la Terre n'est pas infinie. Nous avons vécu par le passé avec l'idée que nous n'en savions rien. On pouvait penser qu'elle était infinie. Le premier à avoir démontré qu'elle ne l'était pas est Eratosthène, un astronome grec qui en 400 av. J. C. a calculé la circonférence de la Terre. Il est donc arrivé à la conclusion que la Terre était ronde – ce qui était vraiment une innovation fantastique – et qu'elle n'était donc pas infinie.

Mais que signifie que la Terre n'est pas infinie ?

Eh bien nous sommes en train d'en prendre conscience. Si la Terre n'est pas infinie, alors les réserves ne sont pas infinies. Nos déchets arrivent dans un espace qui est minuscule. L'atmosphère de la Terre, une petite bande d'environ 100 kilomètres au-dessus de la Terre. C'est dans cet espace que le gaz carbonique est rejeté par les voitures et les chauffages et que sa concentration augmente. Et c'est bien là un des grands problèmes d'aujourd'hui : le réchauffement planétaire par l'augmentation de la concentration de gaz carbonique dans un espace qui n'est pas infini.

LE PHOQUE VIT-IL UNIQUEMENT DANS LE GRAND NORD ?

DANS NOTRE IMAGINAIRE collectif, le phoque est effectivement un animal du Grand Nord, on le voit sur la banquise se dorant au soleil, on le voit proie de l'ours polaire mais aussi victime d'une chasse plutôt cruelle menée par les hommes. Mais il existe aussi des phoques que l'on peut trouver et observer chez nous, en Bretagne ou en Picardie. Malheureusement plus en Méditerranée, car le phoque moine que l'on trouvait encore en Provence dans les années 30, et en Corse jusqu'aux années 70, a disparu de nos côtes et ne subsiste plus qu'en Turquie et en Grèce.

Mais ne parlons pas que de mauvaises nouvelles car il y en a aussi de bonnes. Deux espèces de phoques sont présentes sur notre littoral de la Manche à l'Atlantique.

Le phoque gris qui peut mesurer jusqu'à trois mètres et peser 250 ou 300 kilos est une espèce dont les Iles britanniques abritent 65 % de la population mondiale, et une frange de cette population subsiste sur les côtes nord de la Bretagne, en mer d'Iroise, mais aussi dans l'archipel des Sept-Iles. Cette petite population est en augmentation.

Le phoque veau marin est plus petit, 1,50 à 2 mètres pour un poids de 120 à 150 kilos, il se rencontre lui en baie de Somme, baie de Veys dans le Cotentin, et baie du Mont-Saint-Michel car il préfère les étendues sableuses aux côtes rocheuses. Lui aussi est en expansion.

Dans les deux cas, les mesures de protection, après une chasse intense pour leur fourrure et leur graisse, ont porté leurs fruits, les populations encore importantes du nord de l'Europe permettant une réinstallation d'individus. Oui, la France héberge des phoques, et si vous êtes attentifs vous pourrez, dans les lieux cités, observer ces placides mammifères marins. En baie de Somme comme aux Sept-Iles ou ailleurs, les associations de protection de la nature pourront vous guider pour découvrir cette faune. Les reportages animaliers ont pendant longtemps montré les richesses de la faune africaine, américaine ou du Grand Nord. Et nous avons oublié qu'en France comme dans le reste de notre vieille Europe, il y a une faune riche et variée à découvrir et donc des émotions garanties à qui se donne la peine d'aller à sa rencontre.

Je vous assure que voir une tête de phoque émerger à la verticale de sous la mer, ou un autre se rouler sur le dos en se chauffant au soleil a un effet dépaysant absolu.

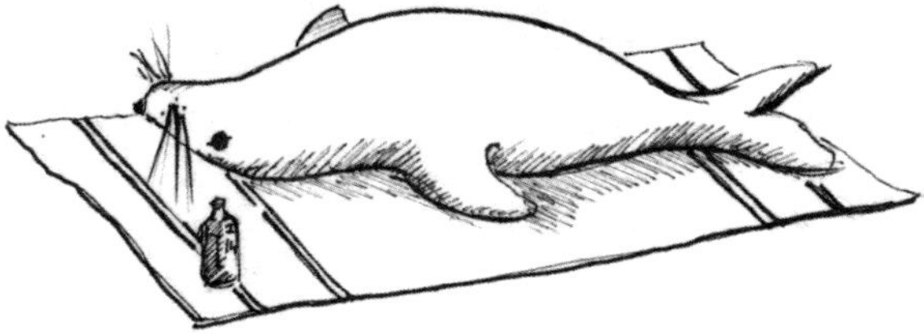

QU'EST-CE QU'UN ORTHOPTÈRE ?

C'EST UN ORDRE des insectes qui comprend les sauterelles, les grillons, les criquets et dont la particularité est de posséder une paire de pattes sauteuses. Comme tous les insectes, leur corps est composé de trois parties : la tête, le thorax, et l'abdomen. Ils ont six pattes et deux paires d'ailes.

On mélange souvent criquets et sauterelles, il est en réalité un moyen simple de les distinguer grâce à la longueur des antennes. En effet, les antennes des sauterelles sont au moins aussi longues voire plus longues que le corps de l'animal. Ce n'est pas le cas chez les criquets.

Au-delà, distinguer les espèces est plus compliqué car il en existe rien qu'en métropole 220. Il faut donc se référer à des guides spécialisés. On oublie en effet souvent qu'il existe une multitude d'espèces d'insectes, des millions dans le monde et des milliers en France. Et quand nous parlons du bourdon, il faut avoir en tête que l'on recense en réalité de nombreuses espèces, idem pour les coccinelles, les scarabées ou les libellules.

Mais revenons à nos orthoptères. Les criquets consomment des végétaux ; on sait les dégâts que peuvent causer les nuées de criquets migrateurs en Afrique. Pas de problème de ce genre chez nous heureusement. Les sauterelles sont elles aussi quasi toutes végétariennes mais quelques espèces comme la sauterelle verte sont carnivores, se nourrissant d'autres insectes. La sauterelle verte est la plus grande de France avec sept centimètres de longueur. Plusieurs espèces d'orthoptères sont en déclin pour cause de disparition de leurs habitats ou d'usage des pesticides. Citons à l'opposé le cas du grillon domestique qui s'est adapté à la chaleur du métro parisien.

On ne peut évoquer les orthoptères sans parler de leur chant ou stridulation. Chez les sauterelles et les grillons, le son est émis par le frottement des ailes entre elles, tandis que chez les criquets chanteurs, c'est le frottement d'une patte pourvue d'un peigne à dent contre une partie de l'aile qu'on appelle tegmina. Pour entendre le chant de leurs congénères, les sauterelles et grillons ont des tympans situés sur leurs pattes avant, les criquets les ont sur l'abdomen.

Leur chant est typique des belles journées d'été et ces sons vous transportent immédiatement dans la douceur d'un soleil rasant sur une prairie fleurie.

13,7 milliards d'années

SI LE BIG BANG EST LE DÉBUT DE L'UNIVERS, COMMENT ETAIT-CE AVANT ?

EST-CE QUE le big bang est le début de l'univers ? Nous n'en savons rien. Ce que nous pouvons dire est que le big bang, c'est-à-dire cette idée que l'univers aujourd'hui est en refroidissement, en raréfaction et en obscurcissement, a eu lieu environ 13,7 milliards d'années en arrière. Avant cela, au lieu de parler de "début", je préfère parler d' "horizon". C'est l'horizon de la connaissance. Nous ne savons ce qu'il y avait avant cela. Peut-être qu'un jour nous en saurons un peu plus.

Les astronomes sont comme des historiens ou des préhistoriens qui essaient de décrypter le passé, ils peuvent aller jusqu'à une certaine distance dans le temps, mais au-delà ils ne savent pas encore. Il ne faut pas oublier cette démarche historique de la science.

Aujourd'hui, nous ne savons absolument rien. Est-ce que le temps existe ? Saint-Augustin disait très justement que la création est celle de la matière mais aussi du temps. Il se peut qu'avant, le temps n'existait pas.

C'est un peu l'interprétation que l'on pourrait donner à partir de la théorie de la relativité d'Einstein, mais cela est purement spéculatif. Nous n'avons aucune idée, aucune sécurité, donc il faut rester ouvert tant que l'on n'a pas de réponse à cette question.

Pour l'instant, l'avant big-bang est l'horizon, la limite de nos connaissances. Nous avons une idée de ce qu'était l'univers jusqu'à 13,7 milliards d'années seulement.

POURQUOI PARLE-T-ON DE LA BIODIVERSITÉ COMME DE "L'AUTRE CHOC" ?

C'EST UNE RÉFÉRENCE au réchauffement climatique dont la prise de conscience sur son ampleur et ses conséquences pour notre société a été un choc. Deux sénateurs, Messieurs Saunier et Laffitte, en travaillant justement à un rapport sur le réchauffement climatique, ont découvert et souhaité approfondir la question de l'érosion de la biodiversité.

Et ils ont choisi de nommer leur étude “Biodiversité, l'autre choc ?” car ils ont découvert que les impacts de la perte de biodiversité sur notre vie étaient tout aussi importants que ceux du réchauffement. Leur travail, disponible en ligne sur le site du Sénat, rappelle le bilan catastrophique de l'état de la biodiversité :

- Rythme d'extinction d'espèces 10 à 100 fois supérieur à la normale et il pourrait en 2050 si rien n'est fait l'être de 100 à 1.000 fois.

- Les espèces de poissons d'eau profonde pourraient avoir disparu de l'Atlantique nord en 2050.

Les exemples sont multiples.

Les sénateurs rappellent ensuite que les pressions s'accroissent : surpêche, exploitation des forêts, exploitation minière, urbanisation. A ce rythme, la demande de l'humanité en 2050 sera deux fois plus importante que la capacité de production de la planète. Ils montrent enfin combien réchauffement climatique et perte de biodiversité sont liés, 35 % des espèces pourraient disparaître à cause du réchauffement.

Mais le titre du rapport a un complément avec "Biodiversité l'autre chance ?".

Car les deux sénateurs montrent aussi qu'il est possible d'agir, certification forestière, mesures drastiques contre la surpêche, solutions pour lutter contre l'urbanisation, encouragement de la recherche, renforcement du volet environnemental de la politique agricole de l'Europe, modifications des règles de l'organisation mondiale du commerce, meilleure utilisation du principe pollueur-payeur, développement de procédés innovants de biomimétisme…

Le biomimétisme est l'imitation de ce qui fonctionne dans la nature, par exemple l'observation des ailes d'un coléoptère a permis de concevoir un matériau permettant de recueillir les gouttelettes d'eau en suspension dans l'air dans des zones souffrant de sécheresse.

Voilà donc un rapport important et salutaire, qui contribuera, souhaitons-le, à la mobilisation rapide en faveur de la biodiversité.

QU'EST-CE QUE LE "MILLENIUM ECOSYSTEM ASSESSMENT" ?

C'EST UNE ÉTUDE publiée par l'O.N.U. en 2005 et qui fait référence en matière d'évaluation, de l'état des écosystèmes et des liens entre cet état et le bien-être humain.

Réalisée dans 95 pays par plus de 1.300 scientifiques pendant quatre années, les résultats sont clairs.

Rappelons ici qu'un écosystème est constitué des êtres vivants d'un milieu donné, et des relations qui s'établissent entre ce milieu, les espèces qui y sont et les espèces entre elles.

Premier enseignement de cette étude : la dégradation des écosystèmes de la planète a été plus rapide ces 50 dernières années que dans toute la période historique précédente, urbanisation, agriculture intensive, surexploitation... L'homme a profondément modifié son environnement. Plus de terres ont été mises en cultures depuis 1945 qu'au cours des XVIIIe et XIXe siècles. Or les écosystèmes nous fournissent des services essentiels : nourriture, bois, eau, régulation du climat, des inondations, des maladies, épuration des eaux, qualité des sols, pollinisation. Et donc, si l'on dégrade les écosystèmes, on dégrade les services qu'ils nous rendent, le rapport estime que 60 % des services rendus sont dégradés.

L'étude tire donc la sonnette d'alarme. Si la pression d'exploitation actuelle se poursuit les écosystèmes de la planète ne pourront pas répondre aux demandes des générations futures et leur avenir ne peut donc plus être considéré comme acquis.

Il faut s'arrêter sur l'importance d'une telle formulation : "l'avenir des générations futures ne peut être considéré comme acquis", c'est la première fois dans l'Histoire qu'une espèce, la nôtre, met en danger son propre avenir du fait de son mode de vie. Et les gens qui nous disent ceci, ne sont pas des adeptes du retour à l'âge de pierre mais les plus grands scientifiques mondiaux sous l'égide de l'O.N.U.

Le *millenium ecosystem assessment* heureusement nous dit aussi qu'il est possible de renverser la tendance, par des changements de nos pratiques, et de nos politiques. Nous devons tous agir pour que le virage vers un mode de vie plus soutenable soit pris. Et vite.

L'humanisme du vingt-et-unième siècle inclut la préservation de la nature.

Terre, planète bleue où, sur un divan de psychanalyste, un homme reste muet.

Terre, planète bleue, où un maître de chapelle écrit les dernières notes d'une cantate, qui enchantera le cœur des hommes pendant des siècles.

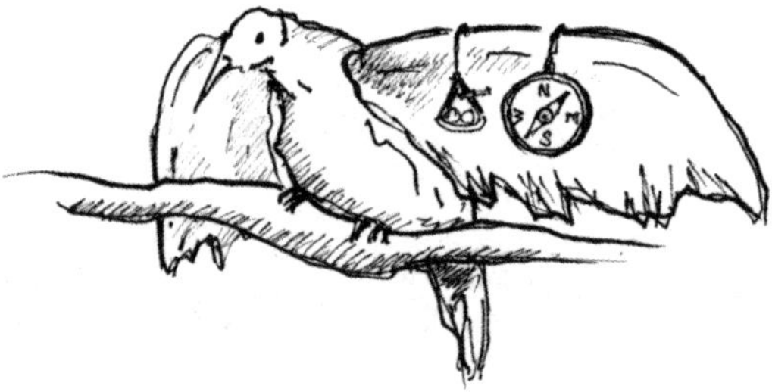

COMMENT S'ORIENTENT LES OISEAUX MIGRATEURS ?

LA MIGRATION des oiseaux est un phénomène maintenant bien connu.

Le fait notamment de poser des bagues aux oiseaux a mis en évidence des déplacements extraordinaires du Pôle nord vers le Pôle sud, de l'Europe vers l'Afrique, du Grand Nord canadien vers le Mexique, de la Sibérie vers l'Ouest européen et d'autres trajets encore. Je rappelle qu'il a fallu un peu de temps pour admettre de tels voyages, et on a raconté de nombreuses histoires, telle la version qui voulait que les hirondelles passent l'hiver au fond des étangs…

Rappelons aussi que ces déplacements sont une réponse adaptative aux variations de nourriture. Si je suis insectivore, je pars en Afrique parce que sous nos contrées, je ne trouve plus d'insectes en hiver.

Si je suis piscivore, un gel prolongé m'obligera à atteindre des régions ou les poissons restent accessibles parce que les lacs ne sont pas gelés.

Mais comment ces oiseaux se repèrent-ils pour atteindre leur destination et pour revenir à leur point de départ sans se perdre ? D'autant que ces déplacements n'ont rien d'approximatif, puisque les hirondelles reviennent nicher dans le même nid !

Voilà une question qui passionne nombre de chercheurs et sur laquelle la connaissance progresse même si beaucoup reste à comprendre. Les chercheurs utilisent toutes sortes de techniques, observations directes, radars, pose de balises, expériences en laboratoires. Les technologies les plus récentes sont utilisées. On a ainsi mis en évidence l'utilisation de repères visuels avec une mémoire assez exceptionnelle. On sait que certains oiseaux usent de ce qu'on appelle une boussole interne qui leur permet d'utiliser le champ magnétique terrestre. On a mis en évidence l'emploi de l'odorat, un repérage olfactif semble jouer un rôle important chez les albatros par exemple. On a montré par des expériences en planétarium que les migrateurs nocturnes se repéraient grâce aux étoiles. Placés dans le planétarium, les oiseaux s'adaptent au changement d'aspect du ciel qui leur est fourni et partent toujours dans la bonne direction.

Les connaissances se précisent, mais chaque découverte pose d'autres questions et la navigation des oiseaux migrateurs revêt toujours une part de mystère.

*2/t 1/Z + Terre/air³
+ nucleaire + guerre
=
BOÛM

L'INTELLIGENCE SERAIT-ELLE FINALEMENT UN CADEAU EMPOISONNÉ ?

JE VAIS VOUS raconter une petite fable. Nous avons vécu entre 1950 et 1980 dans une période que nous appelons maintenant “la terreur nucléaire”. C'est la période pendant laquelle deux grandes nations, les Etats-Unis et l'Union Soviétique, armés de milliers de bombes et de tonnes d'explosifs, pouvaient à tout instant démarrer une guerre qui aurait pu éliminer une très grande partie de l'humanité. On s'en est rapproché de très près. Une guerre nucléaire, c'est 15 minutes.

Heureusement, nous sommes aujourd'hui sortis de cette terreur nucléaire mais je vais essayer d'imaginer le scénario de ce qui se serait passé si cette guerre avait eu lieu et s'il n'y avait eu que quelques survivants sur des îles lointaines du Pacifique.

Ces survivants tentent d'analyser la situation. Je pense qu'ils se diraient ceci : l'humanité a bénéficié, dans le domaine de l'évolution, d'avantages adaptatifs. L'intelligence est l'un des avantages les plus importants, qui a permis à l'humanité d'exister. Cet avantage adaptatif a rendu possible l'apparition de la science et de la technologie. Mais si dans le cas de cette fable, il entraînait l'élimination du genre humain, nous pourrions nous dire que l'intelligence était bien un cadeau empoisonné et qu'il aurait mieux valu être une tortue ! Parce qu'une tortue n'est pas vraiment intelligente, mais cette espèce vit depuis 300 millions d'années alors même que nous sommes en train de mettre en péril notre survie après seulement quelques centaines de milliers d'années.

Finalement, la réponse n'est pas écrite quelque part dans le ciel, c'est la nature qui nous met en charge de répondre à cette question.

QUE PENSER DES AGROCARBURANTS ?

LES AGROCARBURANTS sont des carburants fabriqués à partir de végétaux pour remplacer le pétrole dont on sait que les réserves baissent irrémédiablement. Précisons ici qu'il est préférable de parler d'agrocarburant et non de biocarburant, réservons le préfixe "bio" aux cultures biologiques.

On distingue la filière éthanol fabriqué à partir de la betterave ou du blé, de la filière des esters fabriqués à partir de cultures riches en huiles : tournesol, colza, soja, palmier à huile.

Alors a-t-on trouvé l'or vert en remplacement de l'or noir ?

Je ne le pense pas et ne suis pas le seul, des rapports scientifiques, des rapports parlementaires et le travail de nombreuses associations l'ont montré.

Pourquoi ?

D'abord, les cultures qui servent à cette fabrication sont des cultures intensives qui utilisent trop d'eau et beaucoup de pesticides dont on sait l'impact sur l'environnement et la santé.

Par ailleurs, la mise en culture pour la fabrication des agrocarburants nécessite de l'espace. Dans les pays comme le Brésil ou l'Indonésie, on déforeste massivement pour planter du soja ou du palmier à huile. Pour atteindre ces objectifs d'utilisation d'agrocarburants, un pays comme l'Angleterre devrait y consacrer un quart de ses terres cultivables ce qui est impossible, donc elle importera et ce, au détriment de la forêt tropicale. Premier mauvais point donc, l'impact sur la biodiversité.

Ensuite, ces cultures viennent concurrencer les cultures qui servent à l'alimentation, et de nombreux économistes estiment qu'elles ont contribué à la hausse des prix des céréales, hausse qui a un effet désastreux pour la vie quotidienne des populations modestes dans de nombreux pays. On a récemment parlé de la crise de la tortilla au Mexique.

Enfin, le rendement énergétique de ces

carburants interroge. La question est la suivante : l'utilisation d'un litre d'agrocarburant produit-il plus d'énergie qu'il n'en a fallu pour le fabriquer et combien ? Les spécialistes se battent sur cette question mais il est maintenant admis que les rendements sont très limités et le Grenelle de l'environnement a demandé une réévaluation.

Aujourd'hui pourtant, une seconde génération d'agrocarburants beaucoup moins problématiques se développe : ce sont les algues. Les scientifiques s'aperçoivent que ces algues de mer, vertes en particulier, peuvent produire également des agrocarburants à des coûts bien moindre, avec une efficacité beaucoup plus importante et surtout, elle peuvent être cultivées en bassins. Dans certains cas, leur rendement est trente fois supérieur à celui de l'huile de palmier par exemple.

Il est cependant urgent de ne pas se presser, les agrocarburants peuvent être une fausse bonne solution. Un rapport sénatorial a proposé un moratoire sur leur utilisation, sachant que peut-être, à l'avenir, cette seconde génération sera plus performante et plus écologique.

LES SCIENTIFIQUES DOIVENT-ILS S'ENGAGER POUR LA DÉFENSE DE L'ENVIRONNEMENT ?

JE PENSE que oui, mais il y a plusieurs façons de s'engager pour l'environnement. Ma façon personnelle a été de refuser de faire partie de tout système ou parti politique. J'ai eu des offres d'à peu près toute la gamme, j'ai toujours dit non, je ne veux pas être associé à un parti politique simplement parce que lorsque l'on y est associé, on est dans un camp et le camp opposé ne nous écoute pas.

Il est très important de rester au-dessus de la mêlée, de garder une certaine objectivité, de dire clairement que l'on n'est pas le défenseur d'un parti politique mais que l'on essaie, grâce aux études scientifiques objectives de voir où sont les dangers.

Mais il y a une autre façon de s'engager pour l'environnement, c'est celle que j'ai acceptée : faire partie d'une association. Pour ce qui me concerne, il s'agit de la ligue ROC pour la préservation de la faune sauvage. Je pense qu'il est essentiel aujourd'hui que des scientifiques soient proches de ces mouvements à la fois pour donner des avis consultatifs, mais aussi pour guider leurs actions.

L'environnement est une cause trop grave pour que nous la laissions entièrement aux mains des clans et des partis.

COMMENT RÉPONDRE AUX BESOINS LIÉS À L'ACCROISSEMENT DE LA POPULATION MONDIALE ?

C'EST L'UN DES PROBLÈMES que nous rencontrons aujourd'hui. Ce problème vient fondamentalement du fait que notre planète et les réserves ne sont pas infinies. On atteint 6,5 milliards habitants. Nous devrions être en 2050, autour de 9 à 10 milliards d'individus. La population croît. La quantité de poissons qui vient de la mer est en diminution. La quantité de terres arables est également en diminution surtout à cause de la désertification, de l'urbanisation et de l'impact de l'être humain sur la planète.

Alors comment allons-nous faire pour nous nourrir à l'horizon de 2050 ?

Il y a des possibilités importantes d'amélioration des techniques de fermage et d'agriculture. Par exemple, il faudra certainement aller de plus en plus vers une agriculture bio, c'est-à-dire qui n'utilise pas de pesticides puisque nous savons que ces pesticides sont l'une des raisons pour lesquelles les terres ne sont plus cultivables. Il faudra aller vers des modes de production plus locaux. Nous avons développé des techniques de grandes industries aussi bien sur le plan des plantes que des animaux, nous avons développé des fermes de poulets avec des concentrations gigantesques. Ce n'est plus la voie à suivre pour l'avenir, il va falloir repenser tout un système, trouver des méthodes d'accroissement des cultures et de leur efficacité.

Nous n'arriverons à nourrir la population humaine que si l'on développe des techniques appropriées, différentes de nos méthodes actuelles.

QUEL EST LE RÔLE DE LA SCIENCE DANS LE DÉFI ÉCOLOGIQUE ?

IL FAUT ICI parler de l'importance des connaissances scientifiques et de la recherche scientifique. Nous rencontrons un très grand nombre de problèmes, que ce soit des problèmes de nourriture, des problèmes variés de pollution, et il est clair que pour résoudre ces questions parfois causées par les technologies scientifiques, il faudra aussi faire appel à d'autres technologies.

La science n'est pas la vérité mais elle reste la meilleure des solutions lorsque nous souhaitons résoudre un problème.

Si nous nous intéressons par exemple à l'ozone, nous nous sommes aperçus, il y a quelques décennies, que les quantités d'ozone dans la haute atmosphère de notre planète sont en diminution. Cet ozone est important car il nous protège contre les rayons ultraviolets du Soleil. Il a fallu en premier lieu déterminer quelle était la cause de cette diminution à travers une étude scientifique réalisée au Pôle sud. Une fois la cause identifiée, à savoir la production des molécules de C.F.C. que les industriels mettaient dans les aérosols, nous avons pu mettre en œuvre des techniques et légiférer pour arriver à l'interdiction de la production de cette molécule qui n'était pas naturelle, mais produite par les êtres humains.

Aujourd'hui, la quantité de C.F.C. dans l'atmosphère diminue considérablement, mais cela ne veut pas dire que la couche d'ozone se résorbe. Elle a l'air de se stabiliser et il faudra probablement près d'une centaine d'années avant qu'elle ne revienne à son état initial.

Voici un exemple très clair du rôle fondamental de la science.

QUELLE EST LA RESPONSABILITÉ DE LA FRANCE DANS LA PRÉSERVATION DE LA BIODIVERSITÉ ?

ELLE EST IMMENSE et ce pour trois raisons.

D'abord la France fait partie des pays riches, et comme l'ensemble de ces pays, elle se doit d'agir pour stopper la perte de la biodiversité et lutter contre le réchauffement climatique, car nous avons des moyens que d'autres pays n'ont pas. Il ne faut évidemment pas exonérer les pays émergents ni les pays du tiers monde de leurs responsabilités mais on ne peut demander les mêmes efforts à un pays comme le nôtre et à un pays qui peine à nourrir sa population.

En second lieu, la France est l'un des plus grands pays d'Europe et l'un des plus riches en matière de biodiversité. La France abrite en effet sur son territoire 4 des 5 zones biogéographiques majeures du continent européen, accueillant ainsi 75 % des types d'habitats jugés prioritaires. Elle a notamment une responsabilité forte en ce qui concerne les régions méditerranéenne et atlantique.

Enfin la France, par ses territoires d'Outre-mer, est présente dans tous les océans, elle abrite 10 % des récifs coralliens de la planète, elle est le seul pays riche à abriter une forêt tropicale primaire (c'est-à-dire non transformée par l'homme), je veux parler de la forêt guyanaise, elle héberge dans les TAAF des colonies d'oiseaux de mer parmi les plus grandes du monde.

Savez-vous que la France abrite des jaguars et des singes ? En Guyane, bien évidemment. Savez-vous que des éléphants de mer se reproduisent en France ? Dans les TAAF, bien entendu. Savez-vous que les collectivités d'Outre-Mer sur une superficie pourtant réduite abritent plus d'espèces que toute l'Europe réunie ?

Tout cela fait que la France est classée selon l'UICN au 4e rang mondial des espèces animales menacées et au 9e pour les plantes.

Nous le voyons bien, la réponse à la question est simple : la responsabilité de la France en matière de biodiversité est immense. Mais la question suivante est : la France est-elle à la hauteur de cette responsabilité ? Et là ce n'est pas sûr. Notre pays est presque toujours à la traîne de l'Europe, lorsqu'il s'agit de décliner les directives protégeant la nature, on connaît les difficultés de Natura 2000 ou celles de la directive Oiseaux.

La forêt guyanaise, sa faune, sa flore et ses habitants subissent les assauts de l'orpaillage et connaissent des ouvertures de mines dans des conditions que l'on n'imaginerait même pas en métropole.

La forêt sèche de Nouvelle-Calédonie connaît aussi la destruction minière tandis que la protection de son lagon est trop lente.

Pourtant je veux croire que nous sommes à un tournant, la prise de conscience se fait et de rapports parlementaires en décisions du Grenelle de l'environnement, cette faiblesse de l'engagement de notre pays a été pointée.

A présent, avec notre prise de conscience sur les questions environnementales, l'occasion est belle pour corriger le cap, et faire que la France, patrie des droits de l'homme, devienne moteur de ce nouvel horizon de l'humanisme qu'est la prise en compte de la biodiversité.

Y A-T-IL DES PINGOUINS EN FRANCE ?

LA RÉPONSE est oui, ce qui mérite une explication.

Pingouins, manchots, on confond souvent les deux termes.

Les manchots sont ces oiseaux, non-volants, vétus de smoking et qui vivent dans le Grand sud, je veux parler du continent Antarctique. Notons ici que certaines espèces se rencontrent en Afrique du Sud, sur la pointe du continent sud américain en Terre de feu et dans plusieurs îles du Pacifique. Ces pingouins-là, enfin ces manchots, ne vivent donc pas chez nous, sauf sur nos îles du Pacifique sud évidemment.

Par contre, en métropole les “vrais” pingouins vivent tout à fait bien et nous pouvons les croiser sur le littoral atlantique, tout particulièrement en Bretagne.

Il s'agit du Pingouin Torda, un oiseau noir dessus, blanc dessous, encore un smoking, mais il sait voler, même si ce n'est pas un grand voilier. C'est un oiseau qui mesure un peu plus de 40 centimètres, avec un bec élargi dans le sens de la hauteur. Il fait partie de la famille des alcidés également représentée en France par le guillemot de Troïl et surtout le macareux moine qui est plus connu que ses cousins d'abord parce qu'il est l'emblème de la LPO mais aussi parce qu'il est très photogénique avec son gros bec très coloré tenant pincé de nombreux petits poissons. Ces oiseaux sont forts bien adaptés à la vie marine, nageant et plongeant à la recherche de leur nourriture, ne venant à terre que pour se reproduire sur les falaises, au fond d'un terrier pour le macareux. Ils sont en France en limite sud de leur aire de répartition, étant bien plus nombreux vers le nord, îles britanniques, Scandinavie et jusqu'au cercle arctique. Ils sont là-bas voisins de quelques autres espèces d'alcidés comme le Mergule nain. Au Groenland, nombreux, ils sont une source de nourriture importante pour les Inuits.

Et chez nous aussi il existait un pingouin que l'on mangeait, lui ou ses œufs. Tant et plus d'ailleurs que cette chasse excessive l'a fait disparaître de toute l'Europe, le dernier en Islande au XIXe siècle. Il s'agit du Grand Pingouin qui était un oiseau non-volant.

Préservons les alcidés qu'il nous reste en protégeant la mer qui les fait vivre, notamment des marées noires auxquelles ces oiseaux paient de lourds tributs.

PEUT-ON DIRE QUE L'HUMANITÉ S'HUMANISE ?

VOILÀ une grande question sur laquelle on peut discuter longtemps et présenter des avis contraires. Personnellement, j'aime présenter l'avis suivant : nous avons de bonnes raisons de penser que l'humanité s'humanise. Voici un exemple : dans l'empire romain, il y avait les jeux du cirque qui étaient d'une barbarie exceptionnelle avec des gladiateurs qui se faisaient trucider, on coupait la tête des prisonniers, ou bien ils devenaient des esclaves.

Progressivement, tout au long de ces deux millénaires, sous l'influence du christianisme parfois, des comportements moins barbares apparaissent un peu partout dans le monde.

Il y a certes encore des pratiques inacceptables, des massacres, des comportements indignes envers les femmes aux quatre coins du globe, mais la différence réside dans le fait que ces comportements sont blâmés publiquement. Certains pays sont montrés du doigt et des instances comme la Cour Internationale de justice de La Haye, sont évidemment un progrès pour enrayer ces pratiques.

J'aime penser qu'il y a naturellement une amélioration du comportement humain et que ce phénomène est relié à l'éveil d'une sensibilité.

Y A-T-IL TOUJOURS EU DES OURS EN FRANCE ?

La réponse est oui. L'ours brun a toujours occupé notre territoire, au Moyen Age, il avait conquis tous les massifs montagneux. Au XIXe siècle, il ne subsiste plus que dans le Jura, les Alpes et les Pyrénées. Sa régression se poursuit et le dernier ours disparaît des Alpes en 1937. Dès lors, il ne subsistera plus que dans les Pyrénées. Ils ne sont plus qu'une cinquantaine dans les années 60, une vingtaine dans les années 70, et on frise l'extinction au début des années 90 avec sept ou huit individus.

Ce déclin semble inexorable, mais les pouvoirs publics alertés par les associations, elles-mêmes soutenues par le public, ont réintroduit des ours : trois en 1996-1997 et cinq autres en 2006.

A l'heure actuelle, on estime la population à une

vingtaine, plusieurs individus lâchés ayant été tués, mais des naissances ayant aussi eu lieu dont deux l'an passé.

L'ours est évidemment de nos jours une espèce protégée, mais les perturbations de son habitat, dues aux nombreuses pistes qui traversent la forêt et l'exploitation trop intensive du bois, se poursuivent. Par ailleurs, des ours meurent encore sous le fusil de chasseurs.

Alors que faire ? Soit nous n'agissons pas et l'ours finira par disparaître car les effectifs actuels ne permettront pas sa survie sur le long terme. Soit nous agissons en poursuivant le plan de restauration de la population en lâchant d'autres ours, notamment en Béarn, noyau de survie de l'espèce. Il faut choisir et aller au bout de ce choix. Or celui-ci a été fait, à partir du moment où l'on a retiré des ours de Slovénie pour les mettre dans les Pyrénées.

Il faut donc se donner les moyens de la réussite, en imposant d'autres règles de gestion forestières, en réglementant différemment la pratique de la chasse dans les zones à ours, et bien sûr en donnant les moyens à l'élevage de cohabiter avec cet animal. Car si l'ours n'est pas un grand prédateur, élever des moutons en sa présence ne se fait pas de la même façon, les contraintes qu'il impose doivent donc être prises en charge par la collectivité en soutien des éleveurs et des bergers.

Tout ceci devant se faire avec les Pyrénéens car s'il y encore des ours, c'est véritablement grâce à eux.

Y A-T-IL DES FÉLINS SAUVAGES EN FRANCE ?

TOUT LE MONDE a entendu parler de nos canidés sauvages tels le loup et le renard. Mais on ignore souvent que des félins peuplent aussi nos espaces naturels. Il s'agit du lynx et du chat sauvage.

Le lynx boréal est présent sur toute la frange est du pays : Lorraine, Alsace, Jura, Alpes et sa présence est confirmée même dans les Alpes du Sud. Sa présence dans les Pyrénées fait débat. On estime sa population à 150/200 individus, en augmentation. Cette expansion de l'espèce qui a failli disparaître, est due à la réussite de réintroductions chez nos voisins suisses, des animaux ayant par ailleurs été réintroduits dans les Vosges. Le lynx bénéficie de la déprise agricole et de la bonne santé des ongulés sauvages. C'est un animal forestier discret, qui passe souvent inaperçu et il faut une grande chance pour le croiser. Il se nourrit de chevreuils, chamois, écureuils et autres rongeurs, parfois des oiseaux. Ses dégâts au bétail, mouton notamment, restent limités et les chiens de protection des troupeaux sont efficaces.

Son cousin le chat sauvage est lui aussi un adepte du couvert forestier, il se nourrit à 90 % de petits rongeurs. C'est un chat de grande taille qui ressemble au chat domestique tigré gris et qui est reconnaissable à sa queue courte, à l'extrémité noire et cerclée d'anneaux noirs. Chassé et tiré à outrance, il aurait pu disparaître sans la protection dont il a bénéficié en 1979. Discret, on peut l'apercevoir au coucher, ou au lever du soleil chassant le campagnol dans les champs en bordure des bois. Il est surtout présent dans le quart nord-ouest du pays, mais aussi dans le Massif Central, le Nord des Alpes, et parfois dans les Pyrénées. Il ne faut pas le confondre avec les chats harets, chats domestiques retournés à l'état sauvage.

Enfin n'oublions pas que la France c'est aussi l'Outre-Mer, six espèces de félins y vivent en Guyane dont le jaguar, le puma et l'ocelot.

Pas de lions ni de tigres chez nous, mais discrets, le lynx et le chat sauvage sont bien présents.

QU'EST-CE QU'UNE RIPISYLVE ?

IL S'AGIT d'un terme qui désigne les forêts riveraines des cours d'eau, on parle aussi de forêts alluviales.

Ces forêts sont situées en bordure des milieux aquatiques, notamment les fleuves et rivières. Elles sont principalement constituées d'arbres ou d'arbustes mais la strate herbacée, les plantes poussant sous les arbres, peut être importante. On estime que 90 % des surfaces couvertes par ce type de forêt ont disparu en Europe. Il est donc temps d'actionner le signal d'alarme ce que fait le réseau forêt de France Nature Environnement, avec sa campagne “Restaurons les ripisylves”.

On les a longtemps considérées comme des milieux terrestres sans lien avec les cours d'eau, elles sont en fait une zone intermédiaire entre le milieu terrestre au sens strict et le milieu humide. Le forestier doit s'en préoccuper en prenant en compte la rivière et son bassin versant, le gestionnaire de la rivière doit gérer le cours d'eau en tenant compte de la ripisylve qui la borde.

Les forêts riveraines jouent un rôle important dans la régulation du régime hydrologique des cours d'eau, et leur fonction de limitation des crues est prouvée ne serait-ce que par la consolidation des berges.

Elles jouent aussi un rôle dans l'épuration des eaux, car elles limitent le ruissellement des eaux de pluies chargées d'éventuels produits toxiques dans les cours d'eau. Ce rôle d'épuration vaut pour la qualité des eaux souterraines. Des études ont montré que le réseau très dense des racines des forêts alluviales était un système des plus efficaces pour absorber azotes ou nitrates.

Elles ont aussi une fonction essentielle pour la vie de nombreuses espèces, animales et végétales, en accueillant des espèces qui y trouvent gîte et couvert bien sûr, mais elles aident aussi à la qualité de la biodiversité des rivières. Ainsi, en été, l'ombrage qu'elles jettent sur les cours d'eau limite la montée des températures et ce pour le plus grand bénéfice de la végétation aquatique et des poissons.

Enfin, elles jouent un rôle de corridor biologique essentiel en facilitant les déplacements des espèces, au moment où le Grenelle de l'environnement a décidé, avec juste raison, de mettre en place une trame verte et bleue pour permettre de relier les espaces naturels, les ripisylves sont donc à préserver et à restaurer.

Les ripisylves sont vraiment un bon moyen de lier protection de la nature, qualité des eaux et usage récréatif car il fait bon s'y promener !

QUELLES CONSÉQUENCES A LE RÉCHAUFFEMENT CLIMATIQUE SUR LA BIODIVERSITÉ ?

RAPPELONS que d'après le Groupe Intergouvernemental sur l'Evolution du Climat la température moyenne augmentera de 1,1 à 6,4 % d'ici à 2100.

Un tel changement aura forcément un impact sur la faune et la flore et selon une étude qui fait autorité, le réchauffement climatique pourrait entraîner la disparition de plus d'un million d'espèces d'ici 2050. Le pire n'est jamais sûr, et tout dépendra de notre capacité à prendre les mesures qui s'imposent pour limiter ce réchauffement. Cela étant, des impacts du réchauffement sont déjà visibles.

La floraison de nombreuses plantes est plus précoce, les arbres ont avancé leur montée de sève, les dates de reproduction des amphibiens comme des oiseaux se décalent.

Des études ont mis en évidence que le cycle de reproduction des mésanges dans le sud de la France ne correspondait plus à l'apparition des chenilles dont elles nourrissent leurs petits, ce qui entraîne une baisse du succès de reproduction, les adultes ne trouvant pas de quoi nourrir les poussins.

Dans l'Atlantique, des espèces de poissons ont progressé au cours des 30 dernières années depuis le sud du Portugal jusqu'aux côtes de l'Irlande. En Méditerranée, des espèces arrivées par le canal de Suez, s'adaptent très bien, perturbant l'écosystème local.

Dans les océans tropicaux, les récifs coralliens sont affectés par le blanchissement, un phénomène qui résulte de l'expulsion des algues microscopiques vivant en symbiose avec le corail, lorsque la température dépasse les 30° C.

Des projections sur le futur montrent :

- qu'en Arctique, la fonte de la banquise déjà sensible pourrait entraîner la disparition de l'ours polaire tandis que la toundra laissera place à la forêt.

- qu'en France, avec une augmentation de la

température de 2° C en moyenne, la forêt méditerranéenne gagnant vers le nord représenterait 28 % de la superficie forestière métropolitaine contre 9 % actuellement.

La biodiversité s'est, au cours des temps géologiques, déjà adaptée à des changements profonds, mais ces changements n'ont jamais été aussi rapides. Qu'en sera-t-il si nous n'agissons pas ? Mieux vaut ne pas le savoir et agir tant qu'il est encore temps.

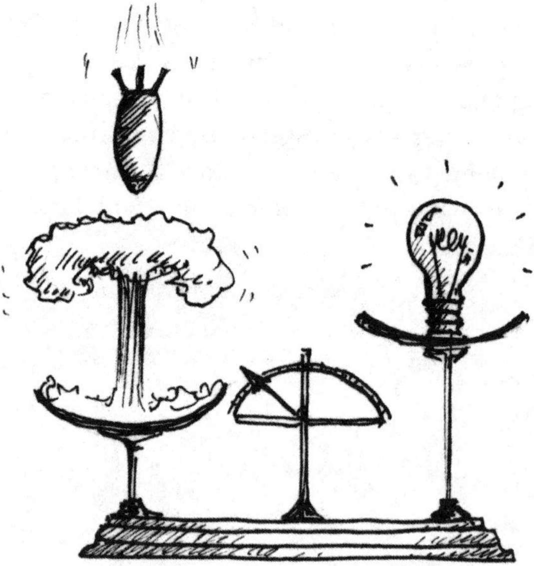

QU'EST-CE QUE LE PROGRÈS ET DE QUEL PROGRÈS AVONS-NOUS BESOIN ?

NOUS AVONS beaucoup évolué depuis un siècle ou deux. Aux XVIIIe et XIXe siècles, nous considérions que le progrès scientifique était un élément extrêmement positif et croyions que la science allait sauver l'humanité. Victor Hugo est, sur ce plan, très naïf. Il déclare : "L'immense bonheur du progrès est inéluctable". On avait cette foi dans l'avenir et cette foi était reliée en grande partie sur l'avancée des sciences.

Le XXe siècle nous a appris que ce n'est pas aussi simple que cela, que la science est un progrès sur le plan de la médecine mais c'est aussi un danger. Les deux guerres et en particulier la bombe atomique nous ont appris à prendre des distances par rapport à cette idée de progrès inéluctable. Chaque avancée, chaque progrès de la science apporte aussi un lot d'éléments négatifs.

Nous l'avons vu avec l'énergie atomique et les bombes. Nous le voyons en ce moment avec la question des O.G.M. Ils peuvent être très utiles dans certains cas, mais aussi très néfastes dans d'autres. Nous le voyons également dans le domaine des nanotechnologies, c'est-à-dire dans la production de systèmes physiques de dimensions infimes. Nous savons qu'ils peuvent être extrêmement positifs mais avoir des effets catastrophiques.

Nous avons dissocié la notion de progrès de l'avancement des sciences et nous disons : oui, il faut continuer à faire de la recherche mais il faut développer une très grande vigilance par rapport aux effets secondaires que peuvent avoir les avancées scientifiques.

TABLE DES MATIÈRES

- Qu'est-ce que la biodiversité ? H.R. & Ch. A. p.5
- Pourquoi déforeste-t-on autant ? H.R. p.11
- A-t-on des raisons de penser que la vie existe ailleurs ? H.R. p.13
- Qu'est-ce que l'échelle de prédation ? H.R. p.23
- Comment le dérèglement des climats sur Terre se traduit-il aujourd'hui ? H.R. p.25
- Pourquoi la Terre est-elle habitable ? H.R. p.27
- Peut-on vivre avec les loups ? Ch. A. p.31
- Est-il possible que d'autres civilisations aient reçu nos signaux ? H.R. p.39
- Pourquoi le pigeon migrateur du nord de l'Amérique a-t-il disparu ? H.R. p.41
- Que faire pour préserver la biodiversité ? Ch. A. p.43
- Est-il vrai que si les abeilles disparaissent, l'humanité est en danger ? H.R. p.47
- Qu'est-ce qu'une espèce invasive ? Ch. A. p.49
- Pourquoi y a-t-il de grands déplacements de populations dans certains pays ? H.R. p.53
- La biodiversité, à quoi ça sert ? Ch. A. p.55
- A quoi servent les satellites ? H.R. p.59
- Faut-il nourrir les oiseaux l'hiver ? Ch. A. p.61
- On parle souvent du trou dans la couche d'ozone, mais qu'est-ce que l'ozone ? H.R. p.65
- Existe-il des animaux nuisibles ? Ch. A. p.69
- Quel est l'avenir des centrales nucléaires ? H.R. p.73
- Quelle est l'espèce de mammifères la plus menacée en France ? Ch. A. p.75
- Combien dénombre-t-on d'espèces vivantes sur Terre ? Ch. A. p.79
- Quelles sont les menaces qui pèsent sur la biodiversité ? Ch. A. p.85
- Qu'est-ce que l'effet de serre ? H.R. p.89
- L'animal est-il doué de sensibilité ? Ch. A. p.91
- La France peut-elle faire quelque chose pour la protection des manchots ? Ch. A. p.93

- La France peut-elle faire quelque chose pour protéger la biodiversité tropicale ? Ch. A. p.97
- Combien y a-t-il d'espèces chassées en France ? Ch. A. p.101
- A-t-on raison de parler d'animaux nuisibles et de mauvaises herbes ? H.R. p.105
- Y a-t-il assez de parc nationaux ? Ch. A. p.107
- Le chêne a-t-il besoin du geai ? Ch. A. p.111
- Qu'est-ce que le "billard planétaire" ? H.R. p.113
- Y a-t-il un mammifère qui existe uniquement en France ? H.R. p.115
- Faut-il avoir peur des requins ? Ch. A. p.117
- Existe-il des tortues sauvages en France ? Ch. A. p.121
- En matière d'énergie renouvelable, les éoliennes vont-elles suffire ? H.R. p.125
- Le trèfle a-t-il besoin du bourdon ? Ch. A. p.127
- Le climat sur Terre, c'était comment avant dans le passé ? H.R. p.131
- Le renard peut-il nous transmettre des maladies ? Ch. A. p.133
- Qu'est-ce que la bromadiolone ? Ch. A. p.137
- L'exploitation de l'or peut-elle causer la perte de la Guyane ? Ch. A. p.141
- Quelles sont les perspectives de la fusion nucléaire ? H.R. p.145
- Les ongulés sont-ils une menace pour nos forêts ? Ch. A. p.147
- Quelle est la frontière entre intelligence humaine et intelligence animale ? Ch. A. p.153
- A quoi a servi le grenelle de l'environnement ? Ch. A. p.157
- En quoi les zones humides sont-elles des réservoirs de biodiversité indispensable ? H.R. p.161
- Qu'entendez-vous par partage de l'espace ? Ch. A. p.163
- Parmi les différentes pollutions, il y a la pollution lumineuse. Quelles conséquences a-t-elle ? H.R. p.167
- Rien ne se perd, rien ne se crée, tout se transforme. Est-ce vrai ? H.R. p.169
- Comment pourrait-on détecter la vie sur une autre planète ? H.R. p.171

- Les oiseaux migrent-ils toujours en Afrique ? Ch. A. p.173
- Comment va réellement la mer ? Ch. A. p.177
- Sommes-nous des destructeurs de la nature ? H.R. p.181
- Qu'est-ce que les limicoles ? Ch. A. p.183
- Qu'est-ce que le big bang ? H.R. p.187
- La surpêche est-elle une réalité ? Ch. A. p.189
- Est-ce que l'effet de serre est propre à la Terre ou est-ce qu'il s'applique aussi dans le système solaire ? H.R. p.193
- Pourquoi a-t-on interdit le plomb dans les zones humides ? Ch. A. p.195
- Y a-y-il des castors en France ? Ch. A. p.199
- Comment est la vie dans les abysses ? Ch. A. p.201
- Pourquoi dit-on que Vénus est l'étoile du berger ? H.R. p.207
- Qu'est-ce que le Grand Tétras ? Ch. A. p.209
- On dit que nous venons des étoiles. Alors sont-elles nos grands-mères ? H.R. p.213
- Pourquoi y a-t-il des serpents ? Ch. A. p.217
- En quoi les volcans et les météorites sont-ils utiles ? H.R. p.219
- Pourquoi faut-il réduire les pesticides ? Ch. A. p.221
- Les hirondelles sont-elles menacées ? Ch. A. p.225
- Qu'est-ce qui provoque un tsunami ? H.R. p.229
- Economie et biodiversité sont-elles incompatibles ? Ch. A. p.231
- Une image de la Terre vue du ciel. H.R. p.235
- Le phoque vit-il uniquement dans le Grand Nord ? Ch. A. p.237
- Qu'est-ce qu'un orthoptère ? Ch. A. p.241
- Si le big bang est le début de l'univers, comment était-ce avant ? H.R. p.245
- Pourquoi parle-t-on de la biodiversité comme de "l'autre choc" ? Ch. A. p.247
- Qu'est-ce que le "Millenium ecosystem assessment" ? Ch. A. p.251
- Comment s'orientent les oiseaux migrateurs ? Ch. A. p.257
- L'intelligence serait-elle finalement un cadeau empoisonné ? H.R. p.261

- Que penser des agrocarburants ? Ch. A. p.263
- Les scientifiques doivent-ils s'engager pour la défense de l'environnement ? H.R. p.267
- Comment répondre aux besoins liés à l'accroissement de la population mondiale ? H.R. p.269
- Quel est le rôle de la science dans le défi écologique ? H.R. p.271
- Quelle est la responsabilité de la France dans la préservation de la biodiversité ? Ch. A. p.273
- Y a-t-il des pingouins en France ? Ch. A. p.277
- Peut-on dire que l'humanité s'humanise ? H.R. p.281
- Y a-t-il toujours eu des ours en France ? Ch. A. p.283
- Y a-t-il des félins sauvages en France ? Ch. A. p.287
- Qu'est-ce qu'une ripisylve ? Ch. A. p.289
- Quelles conséquences a le réchauffement climatique sur la biodiversité ? Ch. A. p.293
- Qu'est-ce que le progrès et de quel progrès avons-nous besoin ? H.R. p.297

LA LIGUE ROC

La Ligue ROC est une association de protection de la nature, régie par la loi de 1901 et reconnue d'utilité publique. Existant depuis 1976, Théodore Monod en a longtemps été le président. Après sa mort, en 2001, Hubert Reeves a pris le relais.

La ligue mène ses actions selon trois axes :

- la préservation de la faune sauvage
- la reconnaissance de l'animal en tant qu'être sensible
- la défense des non-chasseurs

Préserver la faune sauvage signifie par exemple agir pour le loup, ou les oiseaux migrateurs, les abeilles ou les requins.

L'animal être sensible, c'est faire prendre conscience à la société que la faune sauvage est aussi sensible, par exemple à la douleur, que l'est votre chat ou votre chien.

La défense des non-chasseurs, c'est agir pour qu'un partage de l'espace équitable soit trouvé entre la pratique de la chasse et les autres pratiques de pleine nature, pour que les propriétaires puissent faire respecter leur droit de non-chasse sur leur terre, s'ils le souhaitent, pour qu'un périmètre de quiétude soit instauré à proximité des maisons.

Mais toutes ces actions, nous les inscrivons dans un combat plus global en faveur de la biodiversité, car nous traversons une crise de perte de la biodiversité qui menace notre propre avenir. La société doit en prendre conscience rapidement. Il faut agir en faveur de la biodiversité aussi vite et aussi fort qu'en faveur de la lutte contre le réchauffement climatique.

www.roc-asso.fr
www.biodiversite2012.org

Achevé d'imprimer en septembre 2009, par l'imprimerie Présence Graphique, pour le compte des éditions
ELYTIS.
Dépôt légal : septembre 2009.